Zahlen und Daten

1

Anton	Kea	Adele	Bernd	Moritz	Detlef
12 Jahre	11 Jahre	10 Jahre	12 Jahre	12 Jahre	10 Jahre
Fußball	Handball	Schwimmen	Fußball	Schwimmen	Fußball

1. 6 Kinder aus der 5b gehen in den Sportverein.
   a) Erstelle ein Balkendiagramm für die Verteilung auf die Sportarten.
   b) Erstelle ein Balkendiagramm für das Alter.

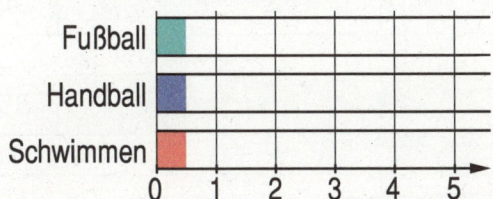 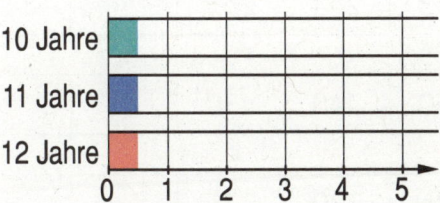

2. Kreuze an:

	stimmt	stimmt nicht	kann man nicht sagen
Die Hälfte der Kinder spielt Fußball.			
Die Hälfte der Jungen spielt Fußball.			
Schwimmen ist so beliebt wie Handball.			
Die meisten Kinder sind 11 Jahre alt.			
Moritz schwimmt schneller als Adele.			

3. Die Strichliste zeigt, wie viele Kinder jeweils in der Sportabteilung sind.
   a) Entnimm die Daten der Strichliste und übertrage sie in die Tabelle.
   b) Zeichne ein Balkendiagramm.

Strichliste

Fußball   ⅢⅡ ⅢⅡ ⅢⅡ ⅢⅡ ⅢⅡ

Handball   ⅢⅡ ⅢⅡ ⅢⅡ Ⅲ

Schwimmen   ⅢⅡ ⅢⅡ ⅢⅡ

Tabelle

Fußball	
Handball	
Schwimmen	

Diagramm

1. Trage die vorangehende und die nachfolgende Zahl ein.

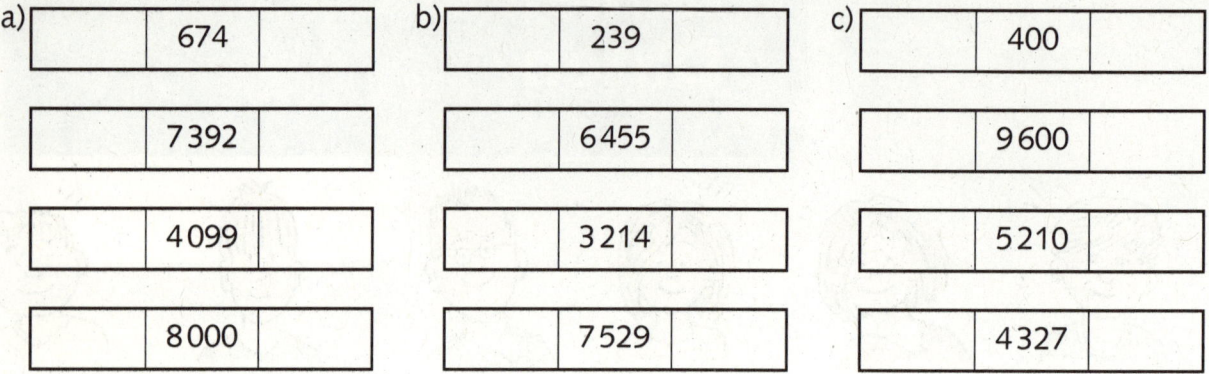

a)
	674	
	7 392	
	4 099	
	8 000	

b)
	239	
	6 455	
	3 214	
	7 529	

c)
	400	
	9 600	
	5 210	
	4 327	

2. Setze die Zahlenreihe fort.

a)
| 20 | 30 | 40 | | | | | | | 120 |

b)
| 115 | 120 | 125 | | | | | | | 165 |

c)
| 233 | 244 | 255 | | | | | | | 343 |

d)
| 450 | 440 | 430 | | | | | | | 350 |

e)
| 235 | 230 | 225 | | | | | | | 185 |

3. Kleiner, größer oder gleich? Setze ein: <, > oder =.

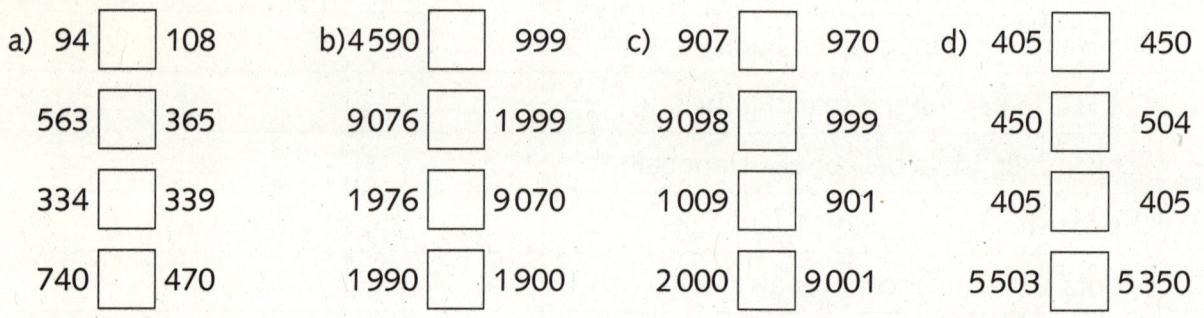

a) 94 ☐ 108   b) 4 590 ☐ 999   c) 907 ☐ 970   d) 405 ☐ 450

563 ☐ 365   9 076 ☐ 1 999   9 098 ☐ 999   450 ☐ 504

334 ☐ 339   1 976 ☐ 9 070   1 009 ☐ 901   405 ☐ 405

740 ☐ 470   1 990 ☐ 1 900   2 000 ☐ 9 001   5 503 ☐ 5 350

4. Ordne die Zahlen. Beginne mit der kleinsten Zahl. Du erhältst ein Lösungswort.

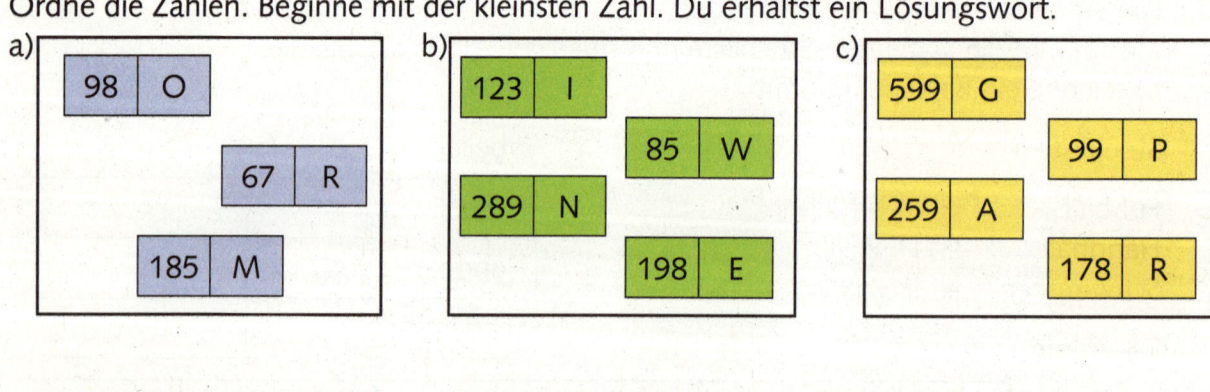

a)
98	O
67	R
185	M

b)
123	I
85	W
289	N
198	E

c)
599	G
99	P
259	A
178	R

_____   _____   _____

_____   _____   _____

1. Ergänze wie im Beispiel.

4 0 0	1 0	7
2 0 0		3
8 0 0	7 0	8

H	Z	E		Zahl
4	1	7		417
2	0	3		
6	3	5		
				526
				350
7	4	9		
				953

2. Trage in die Stellenwerttafel ein. Wie heißt die Zahl?

6 T + 4 H + 3 Z + 8 E

4 T + 3 H + 8 Z + 4 E

6 H + 2 Z + 7 E

9 T + 5 H + 0 Z + 3 E

3 T + 3 Z + 4 E

2 T + 5 H + 6 Z

9 T

6 T + 4 H + 3 Z + 8 E

5 H + 5 E

7 T + 7 E

T	H	Z	E		Zahl

3. a) Welche Zahlen kannst du aus den Ziffern auf den Karten bilden?

    4   6   7   1

_____ _____ _____ _____

_____ _____ _____ _____

b) Wie heißt die kleinste Zahl, die du mit den Karten bilden kannst? _____

c) Wie heißt die größte Zahl, die du mit den Karten bilden kannst? _____

d) Ordne die Zahlen aus Aufgabe a). Beginne mit der kleinsten Zahl. _____

_____

e) Wie viele Zahlen aus Aufgabe a) sind kleiner als 5 000? _____

1. Zerlege die Zahl in Tausender, Hunderter, Zehner und Einer und trage sie in die Stellen-
werttafel ein.

T	H	Z	E

4 805　　　$4T + 8H + 0Z + 5E$

5 793 _____

2 641 _____

5 068 _____

587 _____

6 849 _____

3 251 _____

5 795 _____

8 003 _____

700 _____

2. Immer zwei Karten gehören zusammen. Färbe sie in derselben Farbe.

4269	$9H + 5Z$	325	$3T + 2Z + 5E$
3025	6924	9500	$6T + 9H + 2Z + 4E$
$4T + 2H + 6Z + 9E$	$9T + 5H$	950	$3H + 2Z + 5E$

3. Was gehört zusammen? Ordne zu.

Fünftausendvierhundert	9318
Dreihundertsiebenundzwanzig	5038
Neuntausenddreihundertachtzehn	5400
Fünftausendachtunddreißig	981
Dreitausendsechshundertzehn	3610
Neunhunderteinundachtzig	327

4. Hier wurden Fehler gemacht. Berichtige.

a) $3T + 4H + 6Z + 7E = 7643$ _____　　b) $5T + 3H + 9E = 539$ _____

$8T + 5H + 9Z + 6E = 8569$ _____　　$3T + 4Z + 2E = 3420$ _____

$5T + 3H + 7Z + 9E = 5397$ _____　　$7T + 5Z + 1E = 1570$ _____

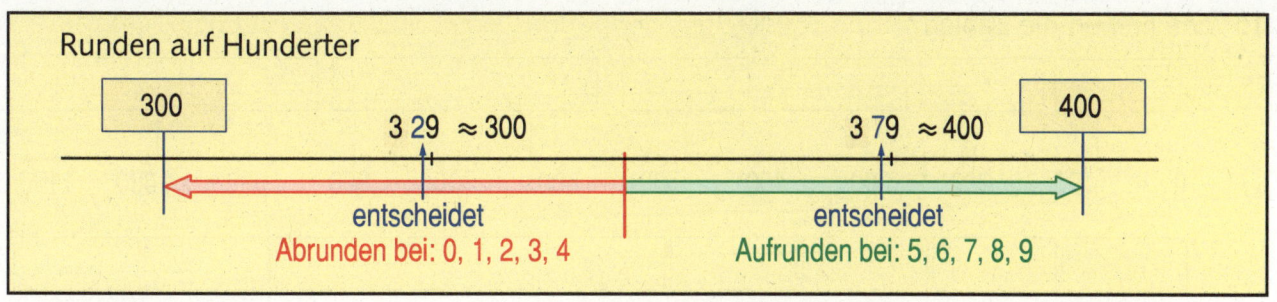

Runden auf Hunderter

329 ≈ 300   379 ≈ 400

entscheidet
Abrunden bei: 0, 1, 2, 3, 4

entscheidet
Aufrunden bei: 5, 6, 7, 8, 9

1. Trage die Nachbarhunderter ein und runde auf Hunderter.

a) [400]   468   [500]   b) [ ]   241   [300]

468 ≈ _____   241 ≈ _____

c) [ ]   334   [ ]   d) [ ]   1 789   [ ]

334 ≈ _____   1 789 ≈ _____

2. Runde auf Hunderter.

a) 654 ≈ _____   b) 706 ≈ _____   c) 5 213 ≈ _____   d) 5 499 ≈ _____

321 ≈ _____   982 ≈ _____   7 059 ≈ _____   9 972 ≈ _____

529 ≈ _____   250 ≈ _____   4 045 ≈ _____   77 ≈ _____

3. Trage die Nachbartausender ein und runde auf Tausender.

a) [3 000]   3 347   [ ]   b) [ ]   5 748   [6 000]

3 347 ≈ _____   5 748 ≈ _____

c) [ ]   7 671   [ ]   d) [ ]   12 232   [ ]

7 671 ≈ _____   12 232 ≈ _____

4. Runde auf Tausender.

a) 4 266 ≈ _____   b) 1 025 ≈ _____   c) 5 555 ≈ _____   d)   569 ≈ _____

2 215 ≈ _____   2 495 ≈ _____   2 169 ≈ _____   32 928 ≈ _____

3 823 ≈ _____   8 839 ≈ _____   5 478 ≈ _____   39 821 ≈ _____

5. Wo macht Runden keinen Sinn? Kreuze an.

Rosi
Telefonnr.
32168

AB – CD 8435

Boxdorf

2318 Einwohner

1. Wie heißen die Zahlen?

a)

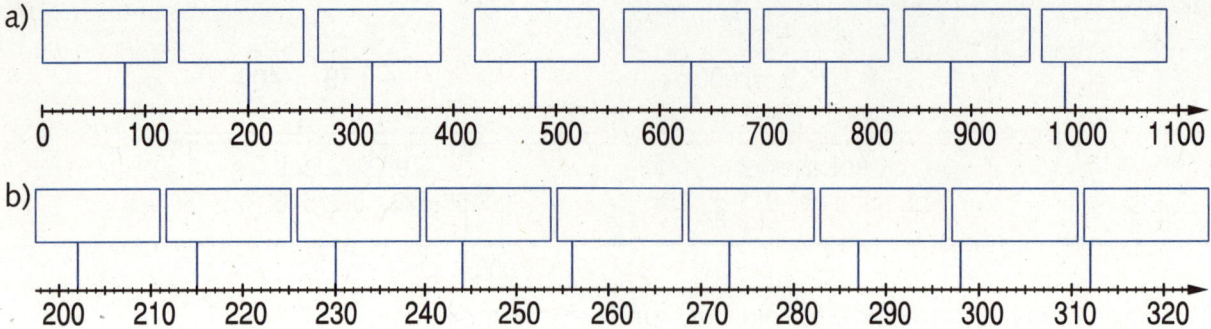

b)

2. Wie heißen die Zahlen?

a)

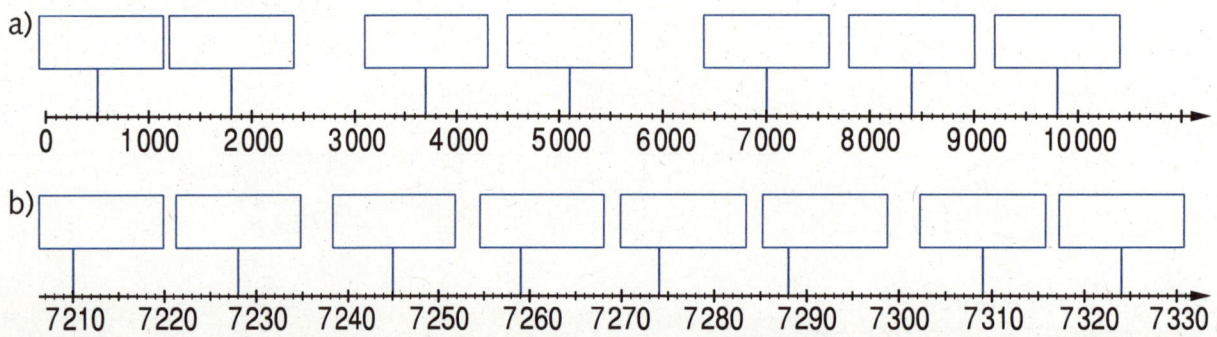

b)

3. Wie heißt die Zahl in der Mitte?

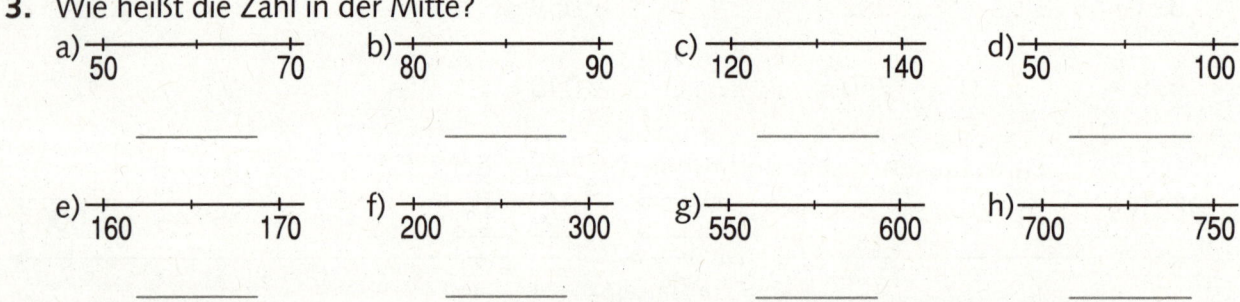

a) 50 — 70

b) 80 — 90

c) 120 — 140

d) 50 — 100

e) 160 — 170

f) 200 — 300

g) 550 — 600

h) 700 — 750

4. Ordne die Zahlen zu.

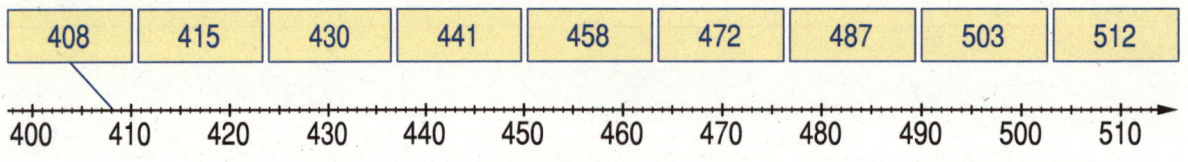

408   415   430   441   458   472   487   503   512

5. Ordne die Zahlen zu.

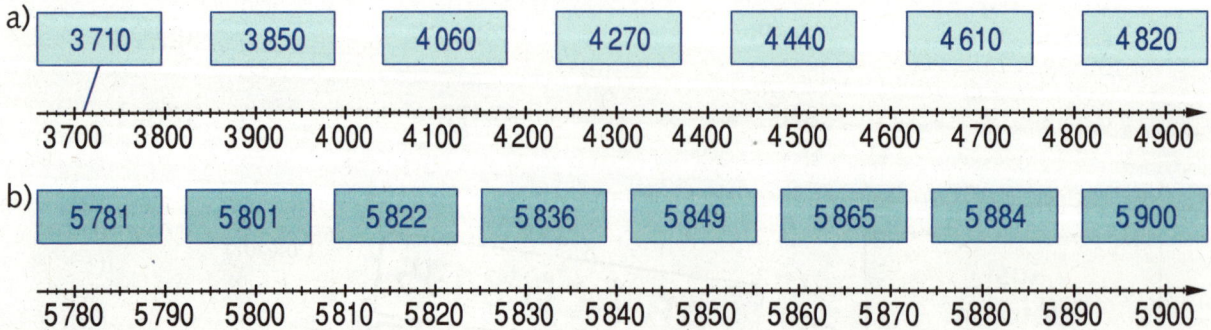

a) 3 710   3 850   4 060   4 270   4 440   4 610   4 820

b) 5 781   5 801   5 822   5 836   5 849   5 865   5 884   5 900

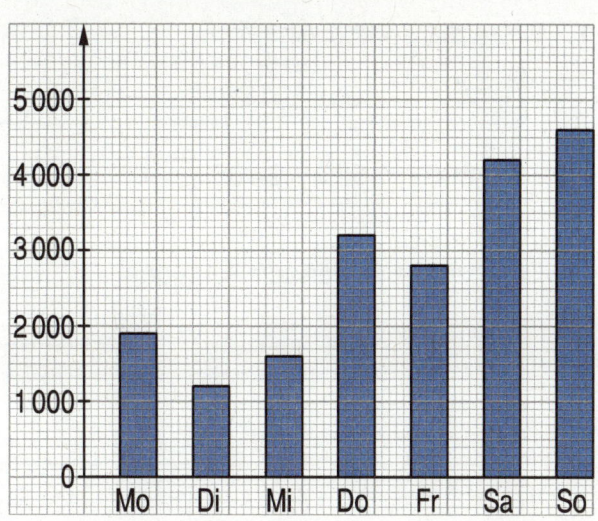

1. Rekordverdächtige Besucherzahlen im Seebad.
Entnimm dem Diagramm die auf Hunderter gerundeten Besucherzahlen und übertrage sie
in die Tabelle.

	Montag	Dienstag	Mittwoch	Donners-tag	Freitag	Samstag	Sonntag
Besucher							

2. a) Erstelle ein Diagramm zu den Besucherzahlen der folgenden Woche.

	Besucher	gerundet auf Hunderter
Montag	1 486	
Dienstag	1 865	
Mittwoch	453	
Donnerstag	976	
Freitag	3 056	
Samstag	4 587	
Sonntag	2 369	

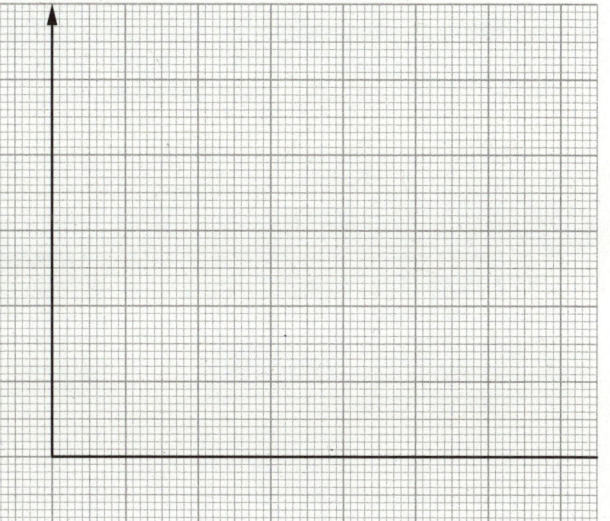

b) An welchem Tag kamen die meisten Besucher?   A: _____

c) An welchem Tag kamen die wenigsten Besucher?   A: _____

d) An welchem Tag kamen doppelt soviel Besucher wie
am Mittwoch?   A: _____

e) An welchen Tagen kamen weniger Besucher als am
Montag?   A: _____

f) An welchen Tagen kamen mehr Besucher als am Freitag? A: _____

1. Setze die Zahlenreihe fort.

a)

150	165	180								300

b)

2 800	2 600	2 400								800

2. Ergänze die fehlenden Angaben.

	T	H	Z	E	Zahl
_____	4	3	7	8	
_____					5 093
6 T + 4 H + 7 Z + 3 E					
8 T + 9 Z + 7 E					
_____	7	5	0	6	
_____					2 553

3. Runde auf Hunderter.

a) 754 ≈ _____   b) 985 ≈ _____   c) 7 354 ≈ _____   d) 2 222 ≈ _____

838 ≈ _____   407 ≈ _____   2 983 ≈ _____   60 ≈ _____

4. Runde auf Tausender.

a) 3 719 ≈ _____   b) 3 056 ≈ _____   c) 3 333 ≈ _____   d) 875 ≈ _____

9 210 ≈ _____   6 713 ≈ _____   8 888 ≈ _____   2 199 ≈ _____

5. Ordne die Zahlen. Beginne mit der kleinsten Zahl. Du erhältst ein Lösungswort.

a)

389	U	4 398	A
499	M	286	P

b)

8 550	W	8 555	E
8 055	L	8 505	Ö

c)

5 088	G	805	I
8 005	R	508	T
5 805	E		

_____   _____   _____

_____   _____   _____

6. Wie heißen die Zahlen?

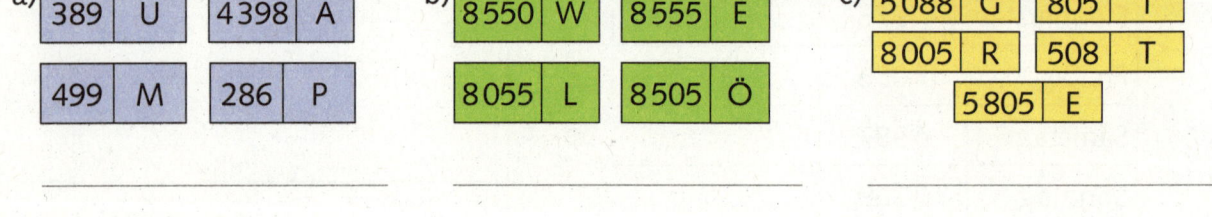

7. Ordne die Zahlen zu.

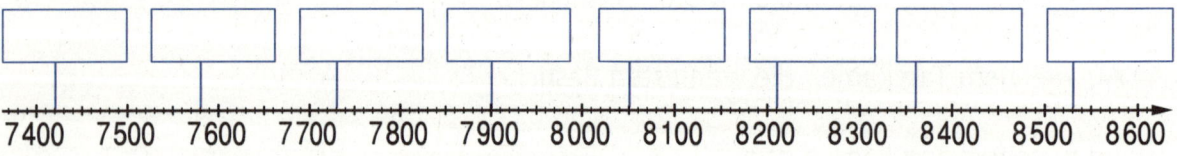

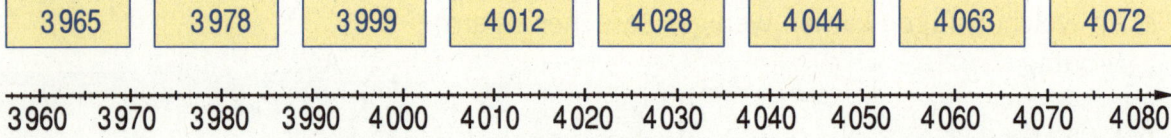

Addition und Subtraktion

2

1. Ordne zu.

80

19

75

200

65

255

$45+30=$ ____ $100-20=$ ____ $14+5=$ ____ $85-20=$ ____ $190+10=$ ____ $230+25=$ ____

2. a) $30 + 40 =$ ____

$60 + 20 =$ ____

$40 + 60 =$ ____

b) $64 + 10 =$ ____

$22 + 30 =$ ____

$53 + 20 =$ ____

c) $50 + 60 =$ ____

$70 + 50 =$ ____

$30 + 90 =$ ____

d) $120 + 70 =$ ____

$280 + 10 =$ ____

$460 + 30 =$ ____

3. a) $70 - 30 =$ ____

$60 - 20 =$ ____

$40 - 10 =$ ____

b) $480 - 60 =$ ____

$260 - 50 =$ ____

$390 - 50 =$ ____

c) $200 - 80 =$ ____

$500 - 70 =$ ____

$600 - 50 =$ ____

d) $88 - 21 =$ ____

$71 - 30 =$ ____

$46 - 15 =$ ____

4. Setze genau so fort.

a) $\quad 5 + \quad 2 =$ ____

$\quad 50 + \quad 20 =$ ____

$\quad 500 + $ ____ $=$ ____

____ $+$ ____ $=$ ____

b) $\quad 4 + \quad 4 =$ ____

$\quad 40 + \quad 40 =$ ____

$\quad 400 + $ ____ $=$ ____

____ $+$ ____ $=$ ____

c) $\quad 6 - \quad 3 =$ ____

$\quad 60 - \quad 30 =$ ____

$\quad 600 - $ ____ $=$ ____

____ $-$ ____ $=$ ____

d) $\quad 7 - \quad 1 =$ ____

$\quad 70 - \quad 10 =$ ____

$\quad 700 - $ ____ $=$ ____

____ $-$ ____ $=$ ____

5. Die Summe der Zahlen in zwei nebeneinander liegenden Steinen steht im Stein darüber.

a)
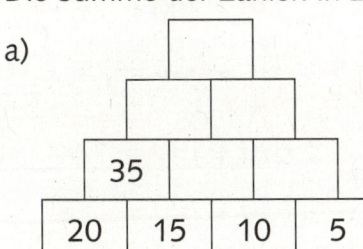

35

20 15 10 5

b)
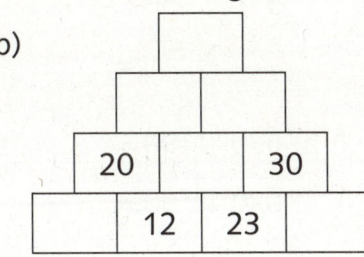

20 30

12 23

c)
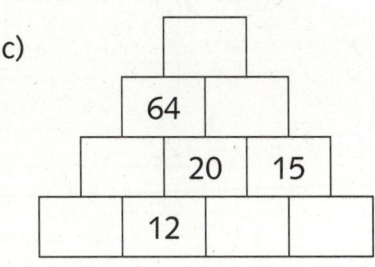

64

20 15

12

6. Welche Zahl fehlt hier?

a) $30 + $ ____ $= 90$ ____

$65 + $ ____ $= 85$ ____

$21 + $ ____ $= 71$ ____

____ $+ 170 = 200$ ____

____ $+ 560 = 600$ ____

____ $+ 640 = 800$ ____

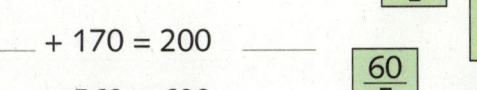

$\frac{20}{E}$ $\frac{30}{I}$ $\frac{40}{E}$ $\frac{50}{R}$ $\frac{60}{F}$ $\frac{160}{N}$

b) $90 - $ ____ $= 20$ ____

$63 - $ ____ $= 53$ ____

$85 - $ ____ $= 5$ ____

____ $- 16 = 52$ ____

____ $- 36 = 33$ ____

____ $- 51 = 14$ ____

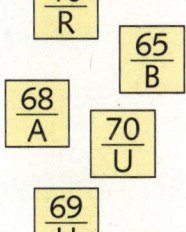

$\frac{10}{R}$ $\frac{65}{B}$ $\frac{68}{A}$ $\frac{70}{U}$ $\frac{69}{U}$ $\frac{80}{L}$

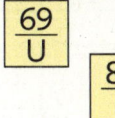

Jan hat zwei Gewinnlose gezogen.

Jan rechnet:
$\underline{340 + 190 =}$
$340 + 100 = 440$

$440 + \ \ 90 = \underline{\hspace{1.5cm}}$

Tom rechnet:
$\underline{340 + 190 =}$
$340 + \ \ 90 = 430$

$430 + 100 = \underline{\hspace{1.5cm}}$

Julia rechnet:
$\underline{340 + 190 =}$
$340 + 200 = 540$

$540 - \ \ 10 = \underline{\hspace{1.5cm}}$

530

430   210   180

800   230

190
340

Julia hat schon 530 Lospunkte gesammelt. Sie möchte den Teddy.

Jan rechnet:
$\underline{530 - 180 =}$
$530 - 100 = 430$

$430 - \ \ 80 = \underline{\hspace{1.5cm}}$

Tom rechnet:
$\underline{530 - 180 =}$
$530 - \ \ 80 = 450$

$450 - 100 = \underline{\hspace{1.5cm}}$

Julia rechnet:
$\underline{530 - 180 =}$
$530 - 200 = 330$

$330 + \ \ 20 = \underline{\hspace{1.5cm}}$

1. a) Erkläre die Rechenwege zur Berechnung der Gesamtpunkte für Jan.
   b) Erkläre die Rechenwege zur Berechnung der Restpunkte für Julia.

2. Führe alle Rechenwege fort. Welcher Weg gefällt dir am besten?

a) $\underline{260 + 270 =}$

   $260 + 200 = \underline{\hspace{1cm}}$

   $460 + \underline{\hspace{0.6cm}} = \underline{\hspace{1cm}}$

b) $\underline{260 + 270 =}$

   $260 + \ \ 70 = \underline{\hspace{1cm}}$

   $\underline{\hspace{0.6cm}} + \underline{\hspace{0.6cm}} = \underline{\hspace{1cm}}$

c) $\underline{260 + 270 =}$

   $260 + 300 = \underline{\hspace{1cm}}$

   $\underline{\hspace{0.6cm}} - \ \ 30 = \underline{\hspace{1cm}}$

3. a) $\underline{570 + 250 =}$

   $570 + 200 = \underline{\hspace{1cm}}$

   $\underline{\hspace{0.6cm}} + \underline{\hspace{0.6cm}} = \underline{\hspace{1cm}}$

b) $\underline{570 + 250 =}$

   $570 + \ \ 50 = \underline{\hspace{1cm}}$

   $\underline{\hspace{0.6cm}} + \underline{\hspace{0.6cm}} = \underline{\hspace{1cm}}$

c) $\underline{570 + 250 =}$

   $570 + 300 = \underline{\hspace{1cm}}$

   $\underline{\hspace{0.6cm}} - \ \ 50 = \underline{\hspace{1cm}}$

4. a) $\underline{630 + 190 =}$

   $630 + 100 = \underline{\hspace{1cm}}$

   $\underline{\hspace{0.6cm}} + \underline{\hspace{0.6cm}} = \underline{\hspace{1cm}}$

b) $\underline{630 + 190 =}$

   $630 + \ \ 90 = \underline{\hspace{1cm}}$

   $\underline{\hspace{0.6cm}} + \underline{\hspace{0.6cm}} = \underline{\hspace{1cm}}$

c) $\underline{630 + 190 =}$

   $630 + 200 = \underline{\hspace{1cm}}$

   $\underline{\hspace{0.6cm}} - \underline{\hspace{0.6cm}} = \underline{\hspace{1cm}}$

5. a) $\underline{420 - 170 =}$

   $420 - 100 = \underline{\hspace{1cm}}$

   $320 - \underline{\hspace{0.6cm}} = \underline{\hspace{1cm}}$

b) $\underline{420 - 170 =}$

   $420 - \ \ 70 = \underline{\hspace{1cm}}$

   $350 - \underline{\hspace{0.6cm}} = \underline{\hspace{1cm}}$

c) $\underline{420 - 170 =}$

   $420 - 200 = \underline{\hspace{1cm}}$

   $\underline{\hspace{0.6cm}} + \ \ 30 = \underline{\hspace{1cm}}$

6. a) $\underline{640 - 290 =}$

   $640 - 200 = \underline{\hspace{1cm}}$

   $440 - \underline{\hspace{0.6cm}} = \underline{\hspace{1cm}}$

b) $\underline{640 - 290 =}$

   $640 - \ \ 90 = \underline{\hspace{1cm}}$

   $550 - \underline{\hspace{0.6cm}} = \underline{\hspace{1cm}}$

c) $\underline{640 - 290 =}$

   $640 - 300 = \underline{\hspace{1cm}}$

   $\underline{\hspace{0.6cm}} + \ \ 10 = \underline{\hspace{1cm}}$

1. Von Waggon zu Waggon wird es schwieriger.

a)

$200 + 300 =$ _____ $200 + 320 =$ _____ $200 + 325 =$ _____ $210 + 325 =$ _____

b) $400 + 200 =$ _____ $400 + 260 =$ _____ $400 + 263 =$ _____ $420 + 263 =$ _____

c) $600 - 200 =$ _____ $650 - 200 =$ _____ $652 - 200 =$ _____ $652 - 210 =$ _____

d) $900 - 700 =$ _____ $930 - 700 =$ _____ $934 - 700 =$ _____ $934 - 725 =$ _____

2. Verbinde mit dem richtigen Ergebnis.

a)

125 + 25	190
125 + 65	250
125 + 95	150
125 + 125	220

b)

380 – 180	305
380 – 90	290
380 – 75	150
380 – 230	200

c)

255 + 45	50
255 – 155	480
255 + 225	300
255 – 205	100

3. a)

+	20	35	60
150			
320			
560			

b)

+	110	320	230
200			
310			
190			

c)

–	60	110	220
260			
580			
600			

4. a) $235 +$ _____ $= 295$ b) _____ $+ 40 = 243$ c) $436 -$ _____ $= 416$ d) _____ $- 50 = 361$

   $562 +$ _____ $= 582$ _____ $+ 70 = 486$ $759 -$ _____ $= 729$ _____ $- 30 = 749$

   $376 +$ _____ $= 396$ _____ $+ 50 = 885$ $572 -$ _____ $= 552$ _____ $- 80 = 612$

5. a)

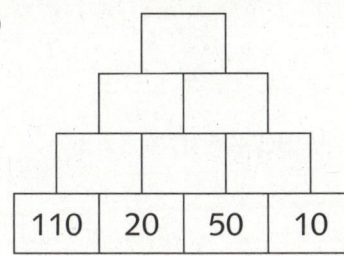

110	20	50	10

b)

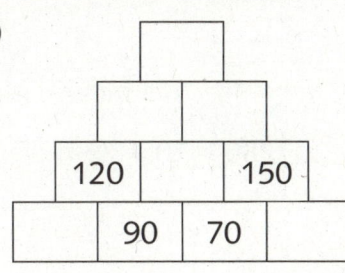

120 · 150 · 90 · 70

c)

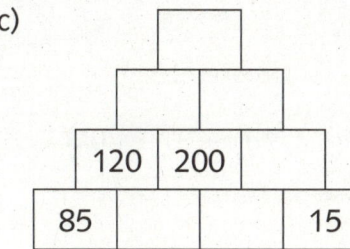

120 · 200 · 85 · 15

Was in der Klammer steht, wird zuerst ausgerechnet.

1. a) 24 – 4 + 15 = _____

                    = _____

     24 – (4 + 15) = _____

                    = _____

    c) 37 – 10 – 2 = _____

                    = _____

     37 – (10 – 2) = _____

                    = _____

    b) 123 – 13 – 10 = _____

                    = _____

     123 – (13 – 10) = _____

                    = _____

    d) 78 – 12 + 4 = _____

                    = _____

     78 – (12 + 4) = _____

                    = _____

2.

Wie kannst du leichter rechnen?

16 + 12 + 4 = _____   oder   16 + 4 + 12 = _____

3. Vertausche die Summanden so, dass du geschickt rechnen kannst.

    a) 17 + 24 + 3 = _____   b) 32 + 15 + 8 = _____   c) 24 + 12 + 6 = _____

                  = _____   = _____   = _____

     36 + 29 + 4 = _____   55 + 17 + 15 = _____   33 + 7 + 29 = _____

                  = _____   = _____   = _____

     180 + 37 + 20 = _____   280 + 20 + 75 = _____   90 + 110 + 37 = _____

                  = _____   = _____   = _____

1. Paula trägt Zeitungen aus. Sie spart für ein Fahrrad.
Lisa kennt viele Wege zum Ergebnis. Prüfe nach.

Im letzten Monat habe ich 68 € verdient und in diesem Monat 56 €.

		6	8	+	5	6	=					
6	8	+	5	0	+		6	=				
6	8	+		6	+	5	0	=				
6	8	+		2	+	5	4	=				
6	8	+	3	2	+	2	4	=				

2. Schreibe mindestens drei Rechenwege auf. Rechne aus.

Ich nehme den Basketball zu 28 € und das T-Shirt zu 16 €.

3. Vertausche die Summanden so, dass du geschickt rechnen kannst.

a) 27 + 12 + 13 =   b) 76 + 17 + 24 =   c) 54 + 12 + 6 + 8 =

= _____ = _____   = _____ = _____   = _____ = _____

d) 25 + 28 + 15 =   e) 66 + 51 + 34 =   f) 38 + 24 + 22 + 6 =

= _____ = _____   = _____ = _____   = _____ = _____

4. Wer hat Fehler gemacht? Kreuze an und berichtige.

a) Bea ☺ ☹   b) Finn ☺ ☹   c) Lara ☺ ☹   d) Hendrik ☺ ☹
   20 − (2 + 3) = 15   17 + 29 + 13 = 59   25 − (10 − 5) = 10   34 + 49 + 16 = 89

   _____   _____   _____   _____

e) Elif ☺ ☹   f) Timo ☺ ☹   g) Sina ☺ ☹   h) Tonio ☺ ☹
   39 − (20 + 4) = 15   28 + (19 − 5) = 52   64 − (17 − 4) = 43   67 − (20 + 3) = 50

   _____   _____   _____   _____

	H	Z	E
Net-book			
Zu-behör			
Zusam-men	4	9	8

	H	Z	E
	3	4	2
+	1	5	6
	4	9	8

1.

a) 2 4 6
   + 3 1 2
   _____

   _____

b) 5 1 7
   + 2 0 2
   _____

   _____

c) 3 4 8
   + 5 3 1
   _____

   _____

d) 6 4 0
   + 1 3 9
   _____

   _____

e) 7 6 2
   + 1 3 6
   _____

   _____

2. Schreibe richtig untereinander. Addiere. Du erhältst ein Lösungswort.

a) 578 + 211 = _____ ____

   357 + 122 = _____ ____

   604 + 71 = _____ ____

   471 + 317 = _____ ____

   405 + 72 = _____ ____

b) 162 + 32 = _____ ____

    92 + 704 = _____ ____

   856 + 130 = _____ ____

   374 + 512 = _____ ____

   737 + 61 = _____ ____

194	477	479	675	788	789	796	798	886	986
T	T	T	I	F	S	I	E	T	N

3. Ergänze die fehlenden Ziffern.

a) 7 3 _
   + 1 _ 4
   _____
   _ 6 6

b) 3 _ 4
   + _ 6 2
   _____
   7 8 _

c) _ 0 6
   + 6 7 _
   _____
   9 _ 9

d) 4 9 _
   + _ 0 7
   _____
   5 _ 7

e) 6 _ 6
   + _ 3 _
   _____
   9 6 9

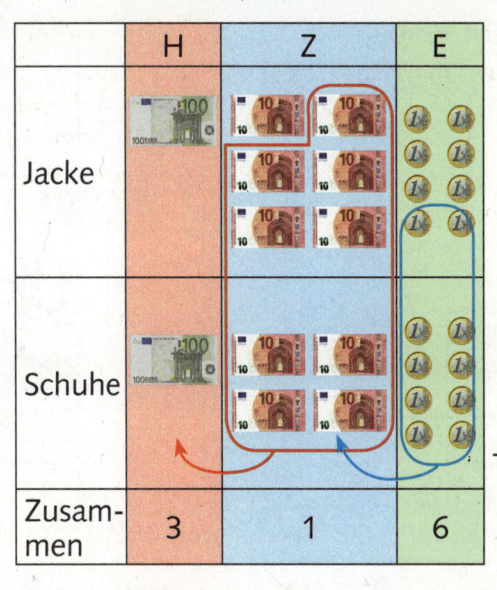

	H	Z	E
Jacke			
Schuhe			
Zusammen	3	1	6

	H	Z	E
	1	6	8
+	1	4	8
	1	1	
	3	1	6

1.
a) 348
   +123

b) 675
   +143

c) 479
   +342

d) 706
   + 96

e) 377
   +356

2. Addiere. Ordne die Ergebnisse den Buchstaben zu. Du erhältst ein Lösungswort.

a) 1346
   +3027

b) 2078
   +4251

c) 4217
   +3842

d) 5056
   + 934

e) 4279
   +2562

f) 3599
   +2011

g) 8037
   + 888

h) 5307
   +3712

i) 7984
   +1006

j) 3999
   + 221

4220	4373	5610	5990	6329	6841	8059	8925	8990	9019
T	P	N	S	A	E	U	B	O	R

3. Bilde mindestens 4 Plusaufgaben.
Die Summe soll jeweils kleiner als 3 000 sein.

2 167   1 755
984   1 660
1 096   768

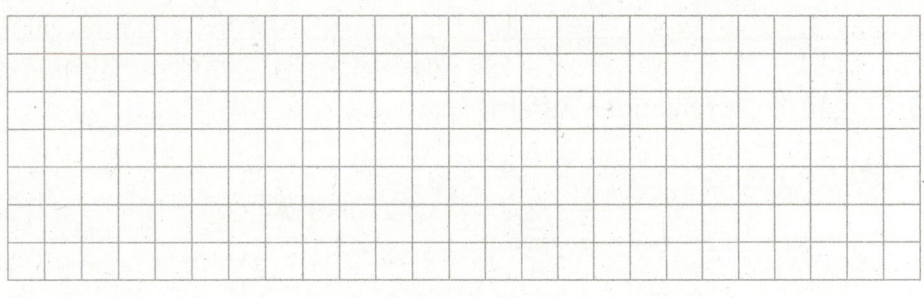

Tim hat 198,00 € gespart.
Er kauft sich eine Jeans zu 64,00 €.

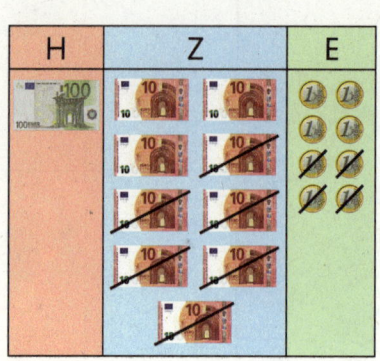

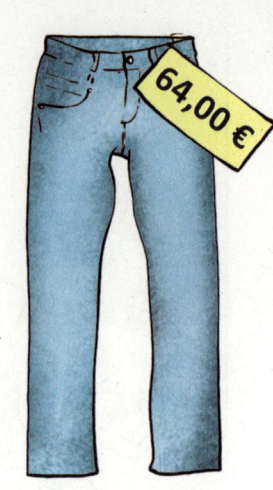

	H	Z	E
Tim hat …	1	9	8
Er bezahlt		6	4
Es bleiben	1	3	4

1. Subtrahiere. Bilde dann die Summe deiner Ergebnisse.

a)   5 7 6
   − 3 5 2
   ‾‾‾‾‾‾

b)   8 5 3
   − 1 3 0
   ‾‾‾‾‾‾

c)   7 8 3
   − 7 3 1
   ‾‾‾‾‾‾

Ergebnis a) _____

Ergebnis b) + _____

Ergebnis c) + _____

_____

2. Schreibe richtig untereinander. Subtrahiere. Du erhältst ein Lösungswort.

a) 678 – 342 _____ ____

357 – 106 _____ ____

766 – 524 _____ ____

492 – 81 _____ ____

806 – 805 _____ ____

b) 987 – 444 _____ ____

185 – 72 _____ ____

495 – 281 _____ ____

688 – 377 _____ ____

754 – 231 _____ ____

1	113	214	242	251	311	336	411	523	543
E	L	O	F	E	C	H	T	K	B

3. Ergänze die fehlenden Ziffern.

a)   8 5 _
   − 1 _ 4
   ‾‾‾‾‾‾
    _ 1 2

b)   5 _ 4
   − _ 2 2
   ‾‾‾‾‾‾
    3 4 _

c)   _ 0 9
   − 1 0 _
   ‾‾‾‾‾‾
    5 _ 2

d)   6 4 _
   − _ 0 2
   ‾‾‾‾‾‾
    5 _ 7

e)   8 _ 2
   − _ 3 _
   ‾‾‾‾‾‾
    2 1 0

Lea hat 274 € gespart. Sie kauft sich eine Jacke zu 56 €.

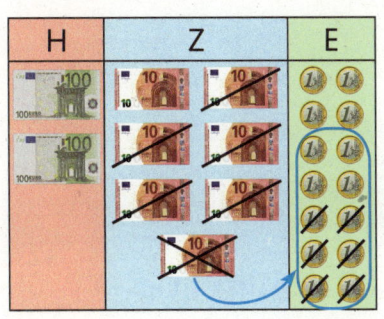

	H	Z	E
Lea hat …	2	7	4
Sie bezahlt		5	6
Es bleiben	2	1	8

1. Subtrahiere. Denke an den Übertrag.

a) 5 6 2
−2 4 8
___

b) 6 7 5
−3 3 8
___

c) 4 7 9
−1 8 6
___

d) 7 0 6
−5 3 7
___

e) 3 7 7
−1 0 8
___

2. Subtrahiere. Ordne die Ergebnisse den Buchstaben zu. Du erhältst ein Lösungswort.

a) 3 421
−1 213
___

b) 8 931
−5 751
___

c) 4 732
−1 383
___

d) 6 076
−4 123
___

e) 9 324
−3 187
___

f) 5 607
−2 343
___

g) 7 435
− 654
___

h) 2 310
−1 620
___

i) 8 503
−4 531
___

j) 7 001
− 992
___

690	1 953	2 208	3 180	3 264	3 349	3 972	6 009	6 137	6 781
E	H	R	E	N	C	F	T	E	H

_____

3. Bilde mindestens 4 Minusaufgaben. Führe zuerst eine Überschlagsrechnung durch.
Die Differenz soll jeweils kleiner als 5 000 sein.

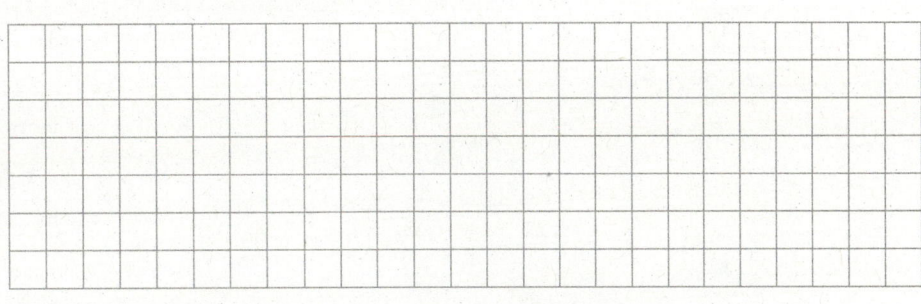

1. Uwe hat 500 € gespart. Was kann er dafür kaufen?
Überschlage.

2. Überschlage. Verbinde mit dem richtigen Ergebnis.

a)
391 + 521

872   912   892

b)
913 − 459

526   379   454

c)
873 + 421

1454   1294   1154

d)
2103 + 3957

5130   7310   6060

e)
8789 − 2699

6090   5120   7140

f)
5021 − 1786

2555   4325   3235

3. Bilde Plus- und Minusaufgaben. Das Ergebnis soll jeweils kleiner als 5000 sein.
Findest du mehr als vier Möglichkeiten pro Sack?

a)

2876
1694
6379
695

b)

6421
2106
3257
1698

c)

3281
1094
7842
6428

1. a)

Das Buch hat 465 Seiten, ich habe schon 239 Seiten gelesen.

Du musst noch viele Seiten lesen!

Frage: _____

Rechnung:

Antwort: _____

b)

Ich habe schon 120 Euro gespart. Von meiner Oma bekomme ich noch 60 Euro.

189 €

Das reicht noch nicht!

Frage: _____

Rechnung:

Antwort: _____

2. Familie Lausch fährt in den Osterferien an die Nordsee. Vor der Pause fahren sie 278 km und nach der Pause noch 346 km.

F: _____

R: _____

A: _____

3.

Der PC kostet 698 Euro und der Drucker 246 Euro.

Kontostand: 1 278 Euro.

F: _____

R: _____

A: _____

1. Setze die Zahlen richtig ein.

a)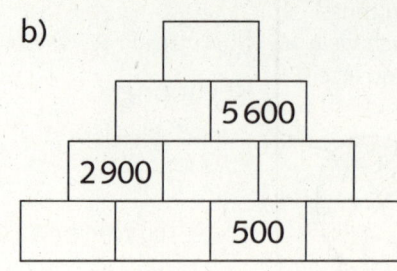

b)

c)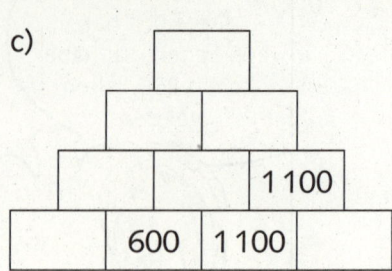

6000 2500 200 7500 10000   500 2700 9200 4400 700   600 3100 1400 2800 0
1500 1000 800 5300 700   3600 200 4900 2900 5600   5900 800 1700 1100 1100

2.
a)	b)	c)	d)	e)	f)
2105	4562	7539	6329	8031	7450
+ 4287	+ 3938	+ 1024	− 1032	− 4381	− 2062

3.
a)   4 _ 2 1

   + 2 8 _ 3

    _ 9 4 _

b)   _ 3 8 _

   + 8 _ 1 5

    9 9 _ 9

c)   6 3 _ 8

   − _ 1 5 _

    2 _ 2 1

d)   8 _ _ 4

   − 3 4 0 _

    _ 3 5 3

e)   7 2 _ _

   − 1 _ 3 6

    _ 4 7 8

4. Bilde jeweils drei Plus- oder Minusaufgaben. Das Ergebnis soll jeweils kleiner als 3000 sein.

a)

b)

c)

Körper, Flächen und Linien

1. Pyramide, Quader, Prisma, Kegel, Würfel, Zylinder oder Kugel?
Schreibe unter jeden Körper den richtigen Namen.

_____ _____ _____ _____ _____

_____ _____ _____ _____ _____

2. Lässt sich das Netz zu einem Würfel falten? Kreuze an.

a) 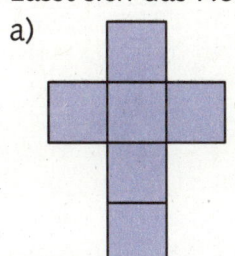   b) 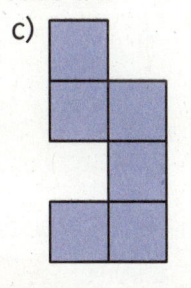   c) 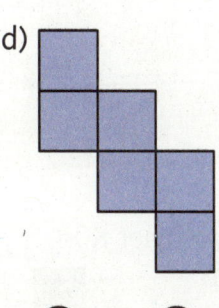   d)

◯ ja ◯ nein   ◯ ja ◯ nein   ◯ ja ◯ nein   ◯ ja ◯ nein

3. Lässt sich das Netz zu einem Quader falten? Kreuze an.

a) 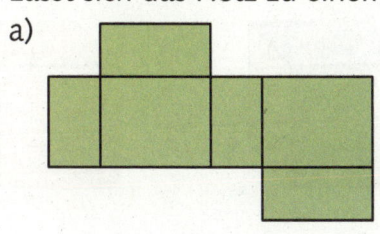   b) 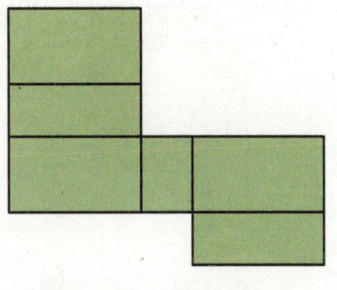   c)

◯ ja ◯ nein   ◯ ja ◯ nein   ◯ ja ◯ nein

1. Ergänze die fehlende Fläche so, dass ein Würfelnetz entsteht.
Färbe die dem grünen Feld gegenüberliegende Fläche.

a)   b)   c)

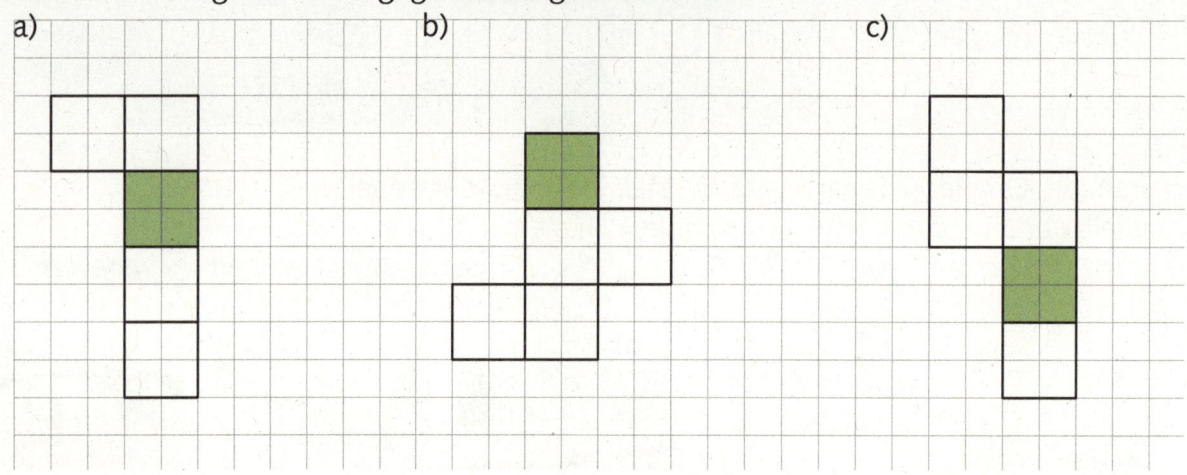

2. Ergänze die fehlende Fläche so, dass ein Quadernetz entsteht.
Färbe die dem blauen Feld gegenüberliegende Fläche.

a)   b)

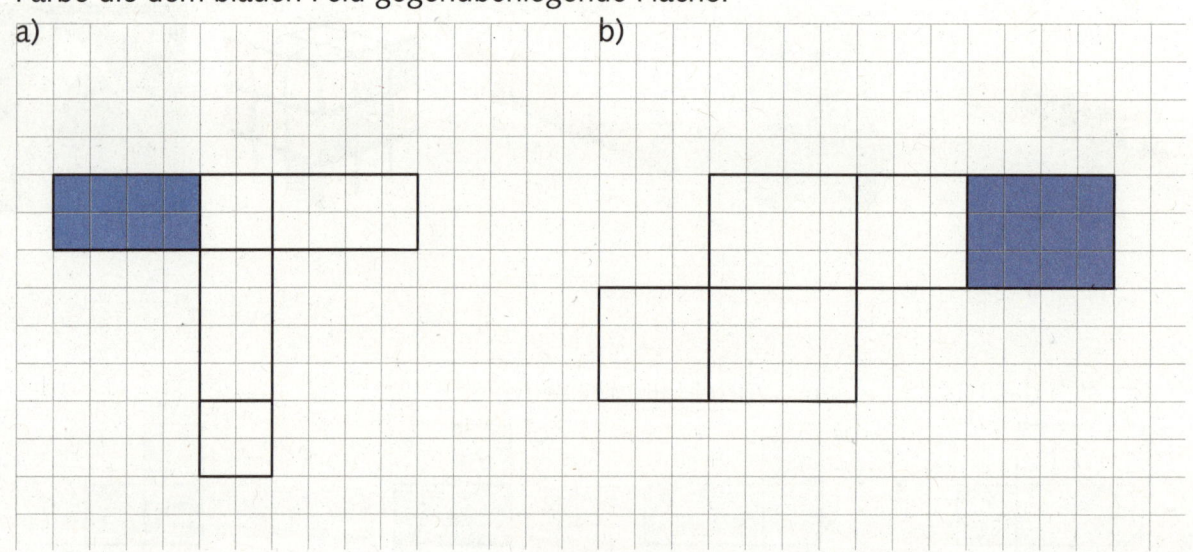

3. Welcher Körper gehört zum Netz? Kreuze an.

a)   Ⓐ   Ⓑ   Ⓒ

b)   Ⓐ   Ⓑ   Ⓒ

c)   Ⓐ   Ⓑ   Ⓒ

1. Würfel, Quader, Zylinder, Prisma, Kegel, Pyramide oder Kugel?
Schreibe unter jeden Körper den Namen.

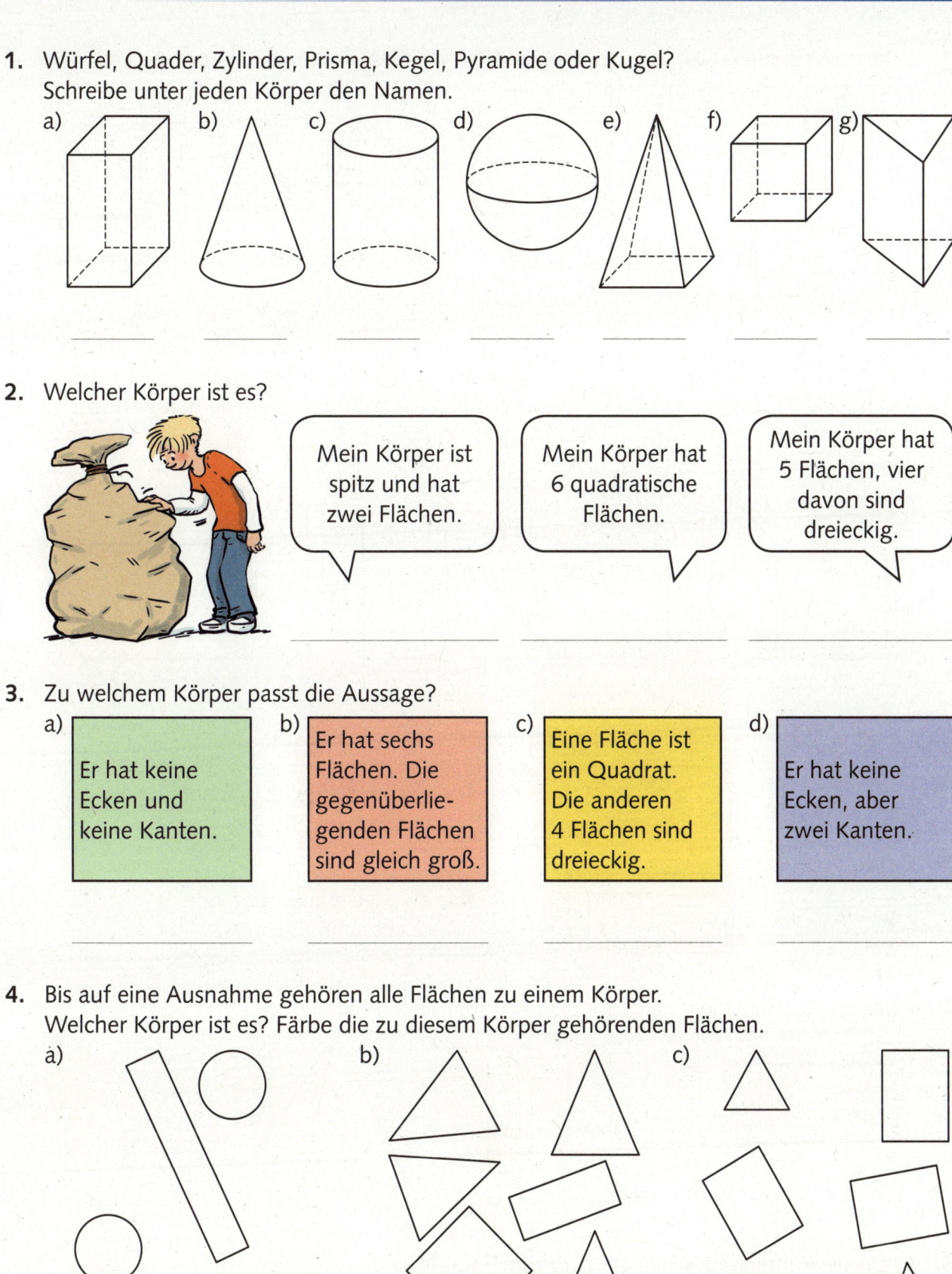

a)   b)   c)   d)   e)   f)   g)

_____   _____   _____   _____   _____   _____   _____

2. Welcher Körper ist es?

Mein Körper ist spitz und hat zwei Flächen.

Mein Körper hat 6 quadratische Flächen.

Mein Körper hat 5 Flächen, vier davon sind dreieckig.

_____   _____   _____

3. Zu welchem Körper passt die Aussage?

a) Er hat keine Ecken und keine Kanten.

b) Er hat sechs Flächen. Die gegenüberliegenden Flächen sind gleich groß.

c) Eine Fläche ist ein Quadrat. Die anderen 4 Flächen sind dreieckig.

d) Er hat keine Ecken, aber zwei Kanten.

_____   _____   _____   _____

4. Bis auf eine Ausnahme gehören alle Flächen zu einem Körper.
Welcher Körper ist es? Färbe die zu diesem Körper gehörenden Flächen.

a)   b)   c)

_____   _____   _____

1. Wie viele Kanten fehlen, um das Modell eines Würfels oder eines Quaders zu bauen?

a)   b)   c)   d)

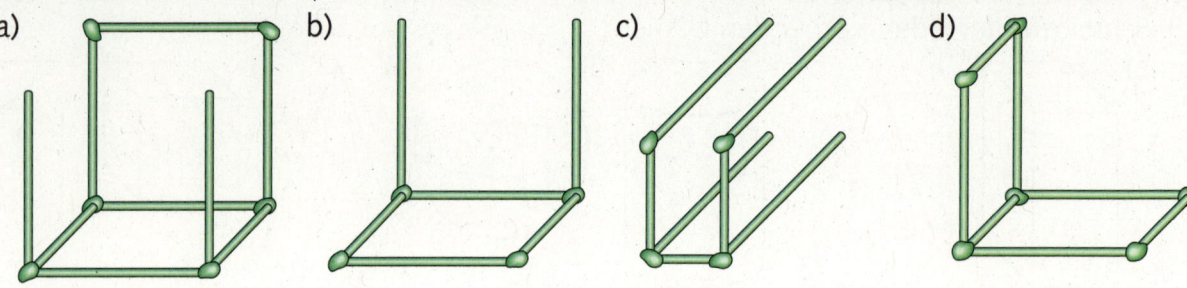

_____ _____ _____ _____

2. Zeichne die fehlenden Kanten ein. Von vorn nicht sichtbare Kanten werden gestrichelt.

a)   b)   c)   d)

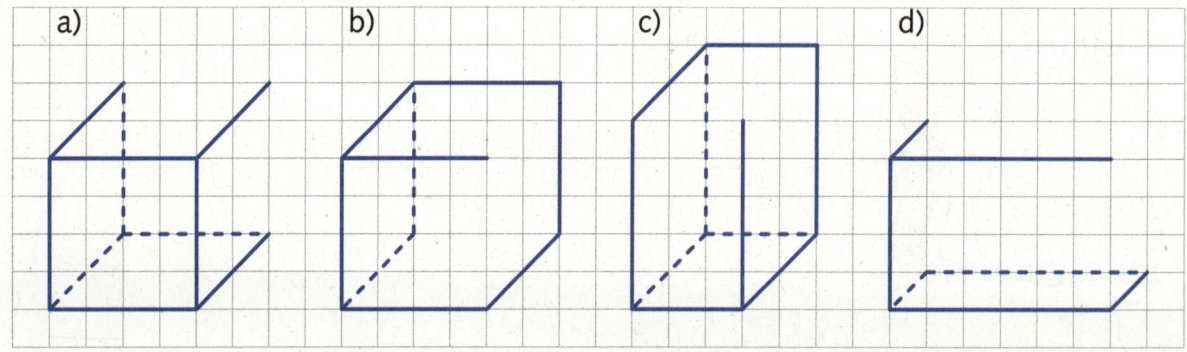

3. Begriff, Zeichnung und Erklärung? Was gehört zusammen? Ordne zu.

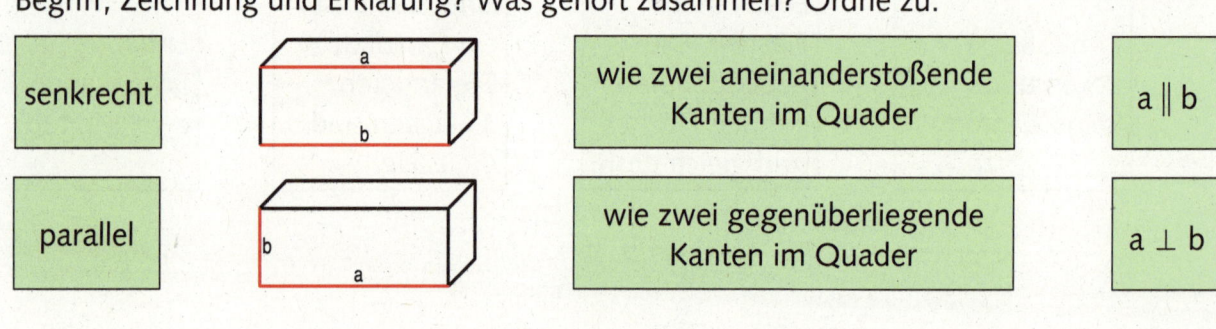

senkrecht   wie zwei aneinanderstoßende Kanten im Quader   a ∥ b

parallel   wie zwei gegenüberliegende Kanten im Quader   a ⊥ b

4. Färbe alle Kanten, die parallel zur blauen Kante sind.

a)   b)   c)   d)

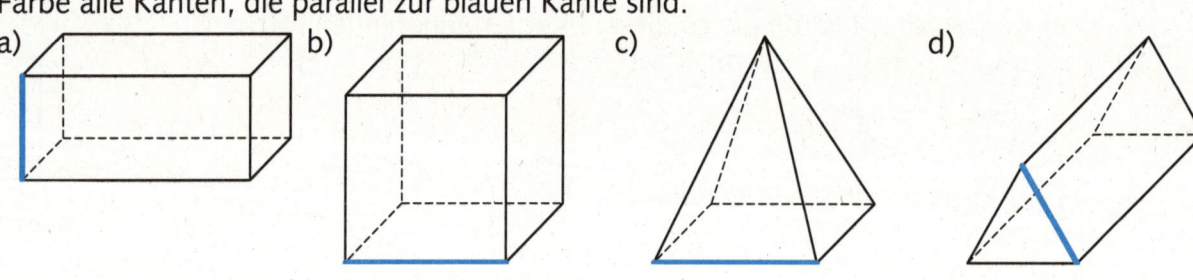

5. Färbe alle Kanten, die senkrecht zur grünen Kante sind.

a)   b)   c)   d)

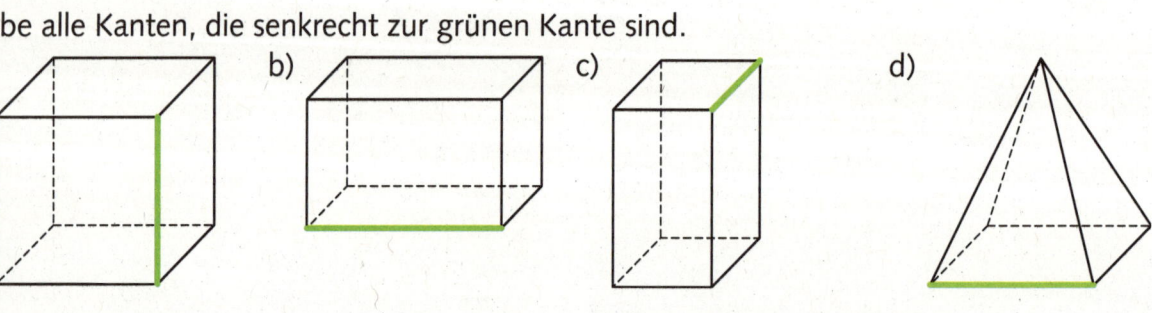

1. Immer zwei Teile ergeben zusammen einen Quader. Ordne zu.

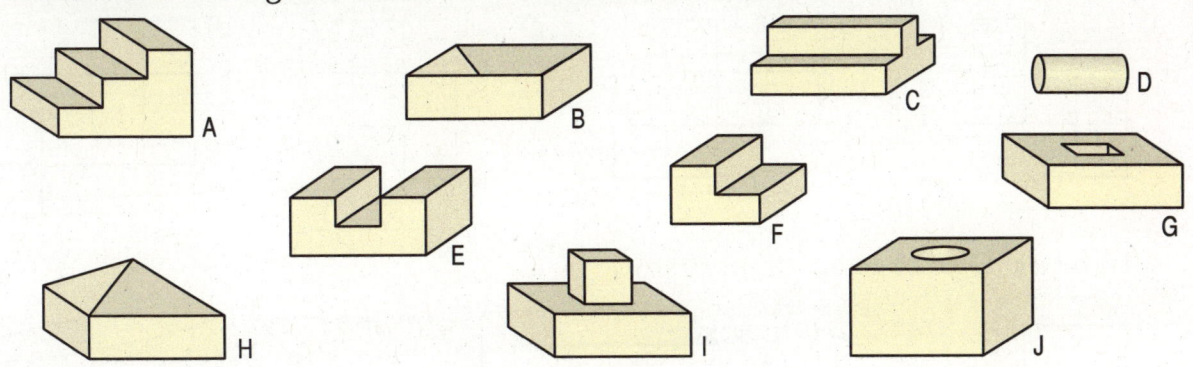

2. Beim Würfel ist die Summe der Zahlen auf gegenüberliegenden Flächen immer 7. Kippe den Würfel wie angegeben. Welche Zahl liegt oben?

a) nach rechts

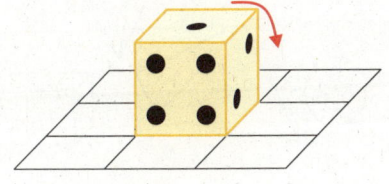

Zahl oben: _____

b) nach hinten

Zahl oben: _____

c) nach vorn

Zahl oben: _____

d) nach links

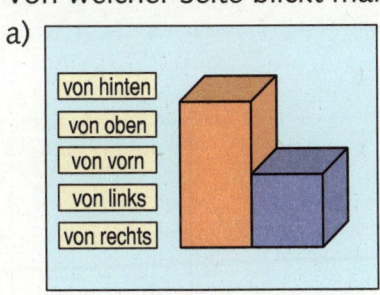

Zahl oben: _____

e) nach rechts, nach hinten

Zahl oben: _____

f) nach vorn, nach links

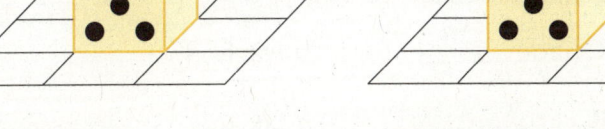

Zahl oben: _____

3. Von welcher Seite blickt man auf das Gebäude?

a)

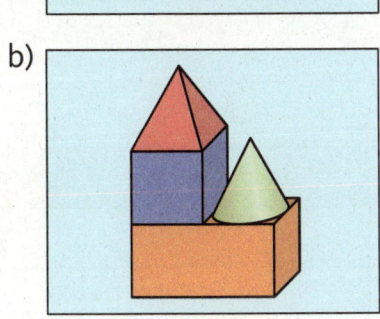

von hinten
von oben
von vorn
von links
von rechts

(1) (2) (3) (4)

von _____ _____ _____ _____

b)

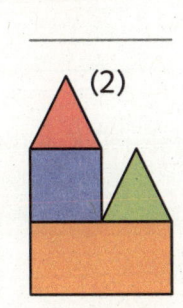

(1) (2) (3) (4)

von _____ _____ _____ _____

1. Färbe gegenüberliegende Flächen im Würfel oder Quader in der gleichen Farbe.

a)   b)   c)   d)

2. a) Färbe alle Quader gelb.

b) Notiere die Anzahl der Körper.

Prisma _____, Zylinder _____, Pyramide _____, Kegel _____

3. Färbe die Eigenschaften der Körper in den angegeben Farben

Pyramide	6 Flächen	5 Ecken	2 Kanten
Quader	5 Flächen	8 Ecken	1 Kante
Zylinder	2 Flächen	0 Ecken	12 Kanten
Kegel	3 Flächen	1 Ecke	8 Kanten

4. Male parallele Kanten in den gleichen Farben an.

a)   b)   c)   d)

5. Ist die Aussage wahr oder falsch? Kreuze an.

	wahr	falsch
Der Würfel hat 6 Kanten.		
Der Quader hat 8 Ecken.		
Gegenüberliegende Kanten im Quader sind parallel.		
In der Pyramide sind alle Dreiecksflächen gleich groß.		

1. Berechne die Produkte. Trage die Buchstaben bei den Lösungszahlen ein.

a) 3 · 9 = _____ N   4 · 9 = _____ S   b) 8 · 5 = _____ L   6 · 8 = _____ E

    4 · 7 = _____ A   2 · 6 = _____ A   7 · 6 = _____ O   9 · 5 = _____ N

    6 · 4 = _____ A   3 · 5 = _____ N   4 · 4 = _____ M   3 · 7 = _____ E

12	15	24	27	28	36

16	21	40	42	45	48

2. Berechne die Quotienten.

a) 35 : 5 = _____ U   56 : 7 = _____ B   b) 45 : 9 = _____ R   24 : 4 = _____ A

    12 : 4 = _____ T   32 : 8 = _____ R   28 : 4 = _____ N   63 : 7 = _____ E

    36 : 6 = _____ A   81 : 9 = _____ E   48 : 6 = _____ G   18 : 9 = _____ O

3	4	6	7	8	9

2	5	6	7	8	9

3. Welche Zahl fehlt? Streiche die Zahl im Streifen durch. Eine Zahl bleibt übrig.

a) 3 · _____ = 27   b) _____ · 6 = 24   c) 35 : _____ = 7   d) _____ : 4 = 8

    _____ · 5 = 40   5 · _____ = 35   _____ : 6 = 5   _____ : 6 = 7

    7 · _____ = 42   _____ · 8 = 24   16 : _____ = 8   _____ : 3 = 9

2	3	4	5	6	7	8	9	21	27	30	32	42

1. a) 3 · 2 = _____   b) 4 · 8 = _____   c) 5 · 6 = _____   d) 7 · 3 = _____

     3 · 20 = _____   4 · 80 = _____   5 · 60 = _____   7 · 30 = _____

     3 · 200 = _____   4 · 800 = _____   5 · 600 = _____   7 · 300 = _____

2. 40 · 3 = _____ K   70 · 5 = _____ N   80 · 4 = _____ E   40 · 20 = _____ H

    80 · 6 = _____ A   60 · 4 = _____ A   50 · 8 = _____ F   60 · 50 = _____ R

    20 · 9 = _____ L   90 · 3 = _____ S   40 · 7 = _____ S   80 · 40 = _____ T

120	180	240	270	280	320	350	400	480	800	3 000	3 200

3. a)

·	30	50	70
5			
8			
7			

b)

·	40		80
6			
3		60	
9			

c)

·	200		500
3		1 800	
	1 800		
5			

4. a) 8 · ____ = 240   b) 90 · ____ = 360   c) 2 · ____ = 1 800   d) ____ · 300 = 1 200

     ____ · 60 = 240   ____ · 60 = 360   ____ · 9 = 1 800   600 · ____ = 1 200

     3 · ____ = 240   40 · ____ = 360   600 · ____ = 1 800   ____ · 3 = 1 200

5. Rechne. Mache auch die Probe.

    a) 150 : 5 = ____   b) 210 : 3 = ____   c) 160 : 4 = ____   d) 300 : 5 = ____

    Probe: _____   Probe: _____   Probe: _____   Probe: _____

    e) 270 : 9 = ____   f) 560 : 7 = ____   g) 420 : 6 = ____   h) 280 : 4 = ____

    Probe: _____   Probe: _____   Probe: _____   Probe: _____

6. a) 160 : 20 = ____   b) 270 : 90 = ____   c) 150 : 30 = ____   d) 400 : 50 = ____

    Probe: _____   Probe: _____   Probe: _____   Probe: _____

    e) 640 : 80 = ____   f) 420 : 70 = ____   g) 360 : 60 = ____   h) 320 : 40 = ____

    Probe: _____   Probe: _____   Probe: _____   Probe: _____

1. Wie viel Euro müssen die Jugendlichen bezahlen?

a)

$4 \cdot 13 =$ _____

$4 \cdot 10 = 40$

$4 \cdot 3 = 12$

b)

$3 \cdot 13 =$ _____

$3 \cdot 10 =$ _____

_____ $=$ _____

c)

_____ $=$ _____

_____ $=$ _____

_____ $=$ _____

2.

a) $2 \cdot 24 =$ _____

$2 \cdot 20 =$ _____

$2 \cdot 4 =$ _____

b) $3 \cdot 32 =$ _____

$3 \cdot 30 =$ _____

$3 \cdot 2 =$ _____

c) $4 \cdot 31 =$ _____

$4 \cdot 30 =$ _____

$4 \cdot 1 =$ _____

d) $3 \cdot 52 =$ _____

$3 \cdot 50 =$ _____

$3 \cdot 2 =$ _____

e) $5 \cdot 36 =$ _____

$5 \cdot 30 =$ _____

$5 \cdot 6 =$ _____

f) $7 \cdot 55 =$ _____

g) $6 \cdot 44 =$ _____

h) $3 \cdot 78 =$ _____

3.

a)

$\cdot$	21	33	62
3			
2			
4			

b)

$\cdot$	42	54	75
3			
5			
2			

c)

$\cdot$	38	62	81
2			
4			
5			

4.

a) $4 \cdot 120 =$ _____

$4 \cdot 100 =$ _____

$4 \cdot 20 =$ _____

b) $5 \cdot 110 =$ _____

c) $3 \cdot 230 =$ _____

d) $4 \cdot 210 =$ _____

e) $4 \cdot 150 =$ _____

f) $6 \cdot 130 =$ _____

g) $5 \cdot 140 =$ _____

h) $4 \cdot 170 =$ _____

1. Ordne die Rechenterme den Aufgaben zu.

Eintritt: 6€
Popcorn: 3€
Cola: 2€

Timo kauft für sich und für seine drei Freunde Kinokarten und je eine Tüte Popcorn.	Lara kauft drei Kinokarten und zwei Cola.	Leo kauft zwei Kinokarten, zwei Cola und zwei Tüten Popcorn.

$3 \cdot 6 + 2 \cdot 2$ $4 \cdot 6 + 4 \cdot 3$ $2 \cdot (6 + 2 + 3)$

2. Was in der Klammer steht, wird zuerst ausgerechnet.

a) $20 + 2 \cdot 3$ = _____

= _____

$(20 + 2) \cdot 3$ = _____

= _____

b) $3 \cdot (5 + 2)$ = _____

= _____

$3 \cdot 5 + 2$ = _____

= _____

c) $5 \cdot 6 + 7$ = _____

= _____

$5 \cdot (6 + 7)$ = _____

= _____

d) $12 - 8 : 2$ = _____

= _____

$(12 - 8) : 2$ = _____

= _____

e) $14 - 2 \cdot 3$ = _____

= _____

$(14 - 2) \cdot 3$ = _____

= _____

f) $18 - 6 : 3$ = _____

= _____

$(18 - 6) : 3$ = _____

= _____

3. a)

Ich habe von jedem meiner 5 Freunde 6 € eingesammelt, aber nur 4 € pro Person ausgegeben.

F: Wie viel Geld ist noch übrig?

R: $5 \cdot 6 - 5 \cdot 4 =$

$30 -$ _____ = _____

A: _____

b)

Unsere gemeinsame Reise kostet 285 €. Wir haben schon 185 € angezahlt.

F: Wie viel Euro muss jeder noch bezahlen?

R: _____

A: _____

_____

Die Burgtor-Schule kauft 3 Streetball-Tore. Jedes Tor kostet 231 €.

  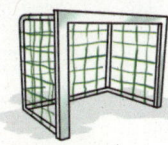

Also 3-mal

H	Z	E						H	Z	E						H	Z	E	
2	3	1	· 3		⇒			2	3	1	· 3		⇒			2	3	1	· 3

       3   93   693

$3 \cdot 1E = 3E$ $3 \cdot 3Z = 9Z$ $3 \cdot 2H = 6H$

1. Rechne schriftlich.

a) 2 4 2 · 2	b) 3 3 4 · 2	c) 2 2 3 · 3	d) 1 3 2 · 3	e) 1 2 1 · 4
f) 3 0 4 · 2	g) 3 2 1 · 3	h) 2 2 0 · 4	i) 1 0 3 · 3	j) 4 0 4 · 2

2. Wie teuer sind die Anschaffungen?

a) 3 Tischtennisplatten   b) 4 Bänke   c) 2 Klettergerüste

230 €

120 €

304 €

3. Ergänze die fehlenden Ziffern.

a) 2 _ 2 · 4
   8 4 _

b) 4 _ 3 · 2
   _ 0 _

c) _ 1 _ · 3
   9 3 6

d) 3 _ 3 · 2
   _ 8 6

4. Achte auf die Nullen.

a) 2 3 1 · 3 0	b) 1 2 1 · 4 0	c) 4 0 3 · 2 0	d) 2 1 3 · 3 0
e) 4 2 · 2 0 0	f) 3 1 · 2 0 0	g) 2 3 · 3 0 0	h) 1 2 · 4 0 0

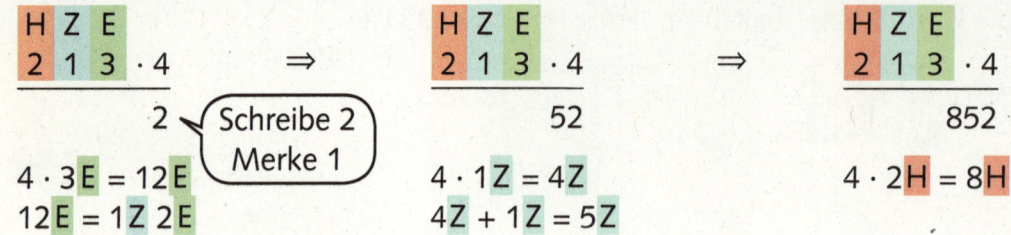

H	Z	E
2	1	3	· 4

⇒

2 — *Schreibe 2, Merke 1*

4 · 3E = 12E
12E = 1Z 2E

H	Z	E
2	1	3	· 4

⇒

52

4 · 1Z = 4Z
4Z + 1Z = 5Z

H	Z	E
2	1	3	· 4

852

4 · 2H = 8H

1. Rechne schriftlich.

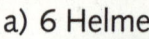 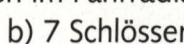 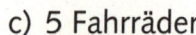 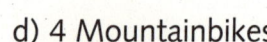

a) 4 2 6 · 2   b) 3 4 2 · 4   c) 5 2 4 · 3   d) 3 6 5 · 5   e) 4 5 1 · 4

f) 2 4 6 · 6   g) 3 1 7 · 7   h) 6 2 5 · 2   i) 2 8 6 · 6   j) 7 3 4 · 3

2. Berechne die Einnahmen im Fahrradladen.
   a) 6 Helme   b) 7 Schlösser   c) 5 Fahrräder   d) 4 Mountainbikes

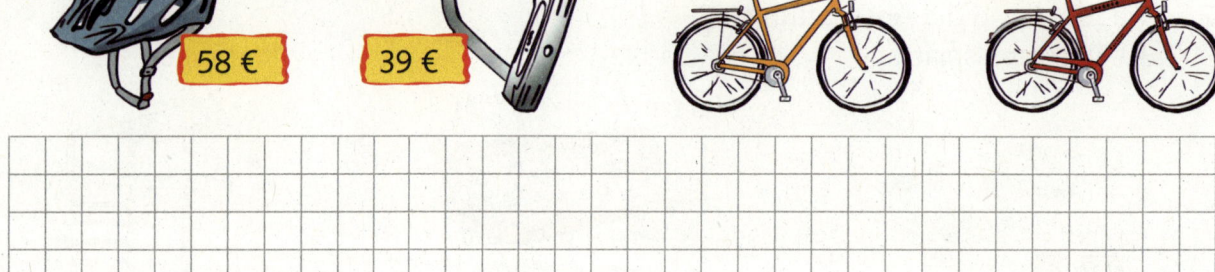

58 €   39 €   184 €   235 €

3. Nicht alle Aufgaben wurden richtig gerechnet. Berichtige.

a) 242 · 3   b) 104 · 3   c) 220 · 4   d) 235 · 3   e) 452 · 5
   ‾‾‾‾‾   ‾‾‾‾‾   ‾‾‾‾‾   ‾‾‾‾‾   ‾‾‾‾‾
   626   312   88   695   2260

4. Im Kopf   oder   schriftlich?

3 0 0 · 3 =

300 · 3	20 · 40
395 · 3	473 · 2
13 · 30	521 · 4
468 · 3	320 · 3
230 · 3	623 · 2

3 9 5 · 3

3	1	2	·	2	3	
	6	2	4			

Mit den Zehnern multiplizieren

→

3	1	2	·	2	3
	6	2	4		
		9	3	6	

Mit den Einern multiplizieren

→

3	1	2	·	2	3
	6	2	4		
		9	3	6	
	1				
7	1	7	6		

Addieren

1. a) 5 3 1 · 2 4   b) 3 8 5 · 3 5   c) 4 2 7 · 4 1   d) 8 1 4 · 1 6

2. Was gehört zusammen? Färbe jeweils mit der gleichen Farbe.

Aufgabe	Überschlag	Überschlags-ergebnis	genaues Ergebnis
437 · 66	500 · 20	6 000	6 656
208 · 32	400 · 70	10 000	28 842
396 · 19	200 · 30	28 000	7 524
516 · 24	400 · 20	8 000	12 384

3. Mache zuerst einen Überschlag. Dann rechne genau.
   a) 423 · 32   b) 637 · 28   c) 583 · 43   d) 803 · 19
   Überschlag: _____   Überschlag: _____   Überschlag: _____   Überschlag: _____

4. Das Produkt soll kleiner als 3 000 sein. Rechne zwei Aufgaben.
   a)   Aufgabe: _____   b)   Aufgabe: _____

· 8

247
67
289
396
402
569

Aufgabe: _____

· 21

204
158
117
104
98
146

Aufgabe: _____

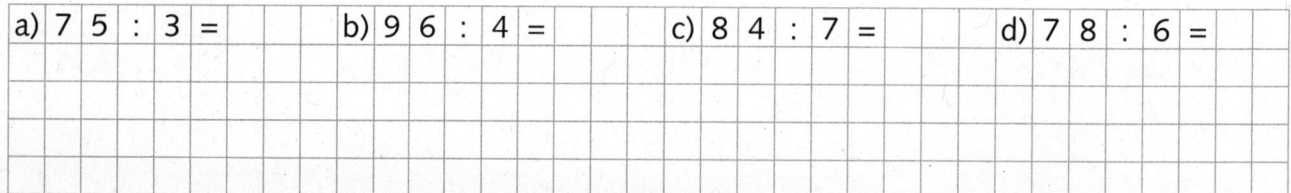

1. Bei diesen Aufgaben bleibt ein Rest.

    a) 34 : 4 = ___ R ___   b) 42 : 5 = ___ R ___   c) 19 : 6 = ___ R ___   d) 50 : 7 = ___ R ___

    23 : 7 = ___ R ___   38 : 6 = ___ R ___   46 : 8 = ___ R ___   32 : 3 = ___ R ___

2. Dividiere schriftlich.

    a) 7 5 : 3 =   b) 9 6 : 4 =   c) 8 4 : 7 =   d) 7 8 : 6 =

3.   a) 8 4 6 : 2 =   b) 7 4 3 5 : 5 =   c) 8 6 3 1 : 3 =

    d) 6 4 5 : 5 =   e) 9 4 4 8 : 4 =   f) 7 8 6 3 : 3 =

    g) 5 4 3 : 3 =   h) 9 3 5 2 : 2 =   i) 7 4 8 2 : 6 =

1. Vorsicht bei Nullen.

a) 9 6 0 : 8 =

b) 1 6 8 0 : 7 =

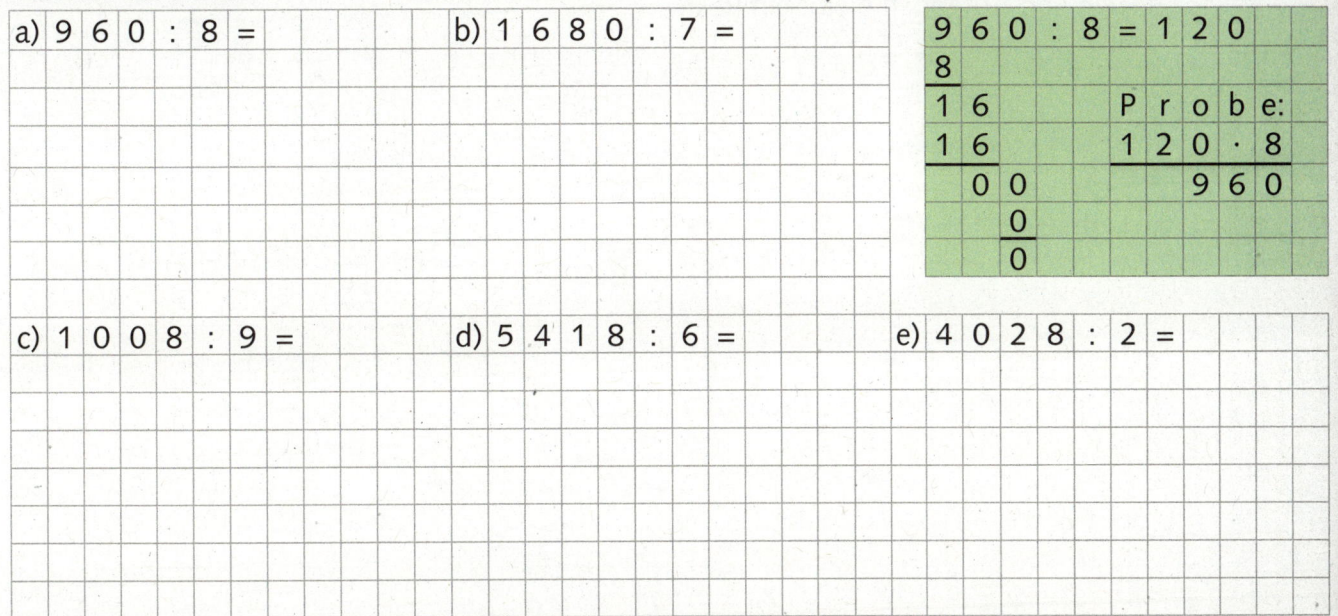

```
9 6 0 : 8 = 1 2 0
8
1 6          P r o b e:
1 6            1 2 0 · 8
  0 0              9 6 0
    0
    0
```

c) 1 0 0 8 : 9 =

d) 5 4 1 8 : 6 =

e) 4 0 2 8 : 2 =

2. a) 1 0 0 0 : 8 =

b) 1 0 0 0 : 4 =

c) 1 0 0 : 4 =

d) 5 0 0 : 4 =

e) 3 0 0 0 : 4 =

f) 6 0 0 0 : 8 =

3. Bei diesen Aufgaben bleibt ein Rest.

a) 7 5 4 : 4 =   R

b) 4 3 1 : 5 =   R

```
4 6 3 : 2 = 2 3 1 R 1
4
0 6
  6
  0 3        P r o b e:
    2          2 3 1 · 2
    1              4 6 2

                   4 6 2
             +         1
                   4 6 3
```

c) 7 2 4 : 3 =   R

d) 2 7 4 : 7 =   R

1. Bei einigen Aufgaben bleibt ein Rest.

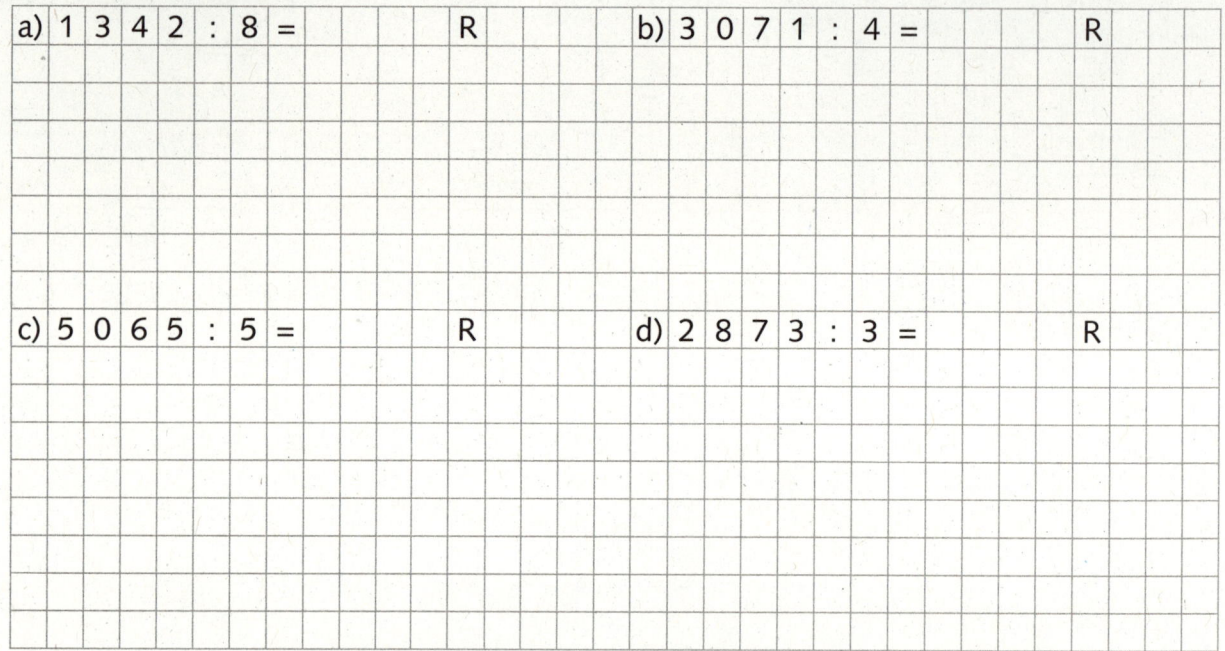

a) 1 3 4 2 : 8 =   R   b) 3 0 7 1 : 4 =   R

c) 5 0 6 5 : 5 =   R   d) 2 8 7 3 : 3 =   R

2. Was gehört zusammen? Färbe jeweils mit der gleichen Farbe.

Aufgabe	Überschlag	Überschlags-ergebnis	genaues Ergebnis
915 : 3	500 : 5	400	203
798 : 2	3 000 : 6	300	493
535 : 5	900 : 3	100	399
1 421 : 7	800 : 2	200	305
2 958 : 6	1 400 : 7	500	107

3. Im Kopf oder schriftlich? Trage die Ergebnisse ein.

4 200 : 6 = _____   2 187 : 9 = _____   5 216 : 4 = _____

395 : 5 = _____   240 : 3 = _____   3 060 : 6 = _____

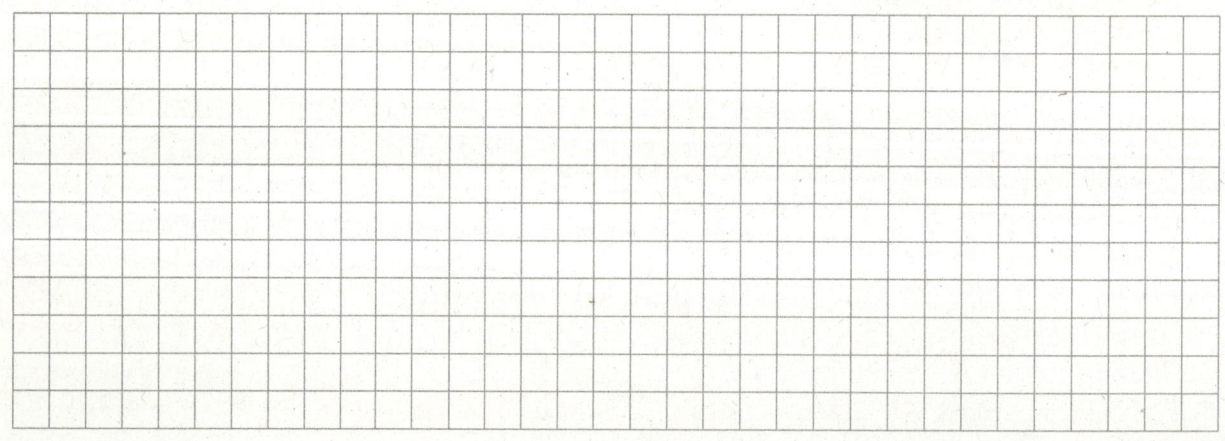

1. Wie viele Kisten können insgesamt geladen werden?

Antwort: _____

2. Für einen gemeinsamen Urlaub mieten 6 Freunde eine Hütte.
Sie kostet für alle zusammen 312 €. Für Verpflegung zahlt jeder 35 €.
Welche Fragen kannst du beantworten?

a) Wie viel Euro zahlt jeder für die Hütte?

Antwort: _____

b) Wie viel zahlen alle zusammen für die Verpflegung?

Antwort: _____

c) Wie lange dauert der Urlaub?

Antwort: _____

d) Wie teuer ist der Urlaub für jeden der 6 Freunde?

Antwort: _____

3. Eine Schule richtet den PC-Raum mit 7 Computer-Arbeitsplätzen neu ein.
Es werden zwei Angebote eingeholt. Welches Angebot ist günstiger?

Antwort: _____

1. Hat Dominik alle Aufgaben richtig gerechnet? Berichtige.

a) $20 \cdot 50 = 1000$ _____   b) $4200 : 70 = 600$ _____

   $30 \cdot 60 =$ 180   f, 1800 _____ $1800 : 60 = 300$ _____

   $40 \cdot 70 = 2800$ _____ $2800 : 7 = 40$ _____

   $80 \cdot 20 =$ 160 _____ $5400 : 90 = 60$ _____

2. a) $4 \cdot 800 =$ _____   b) $30 \cdot 70 =$ _____   c) $150 : 50 =$ _____

    $5 \cdot 600 =$ _____ $60 \cdot 40 =$ _____ $4500 : 9 =$ _____

    $7 \cdot 700 =$ _____ $8 \cdot 300 =$ _____ $320 : 80 =$ _____

3. Wie viel Kilometer fährt jeder LKW an einem Tag?

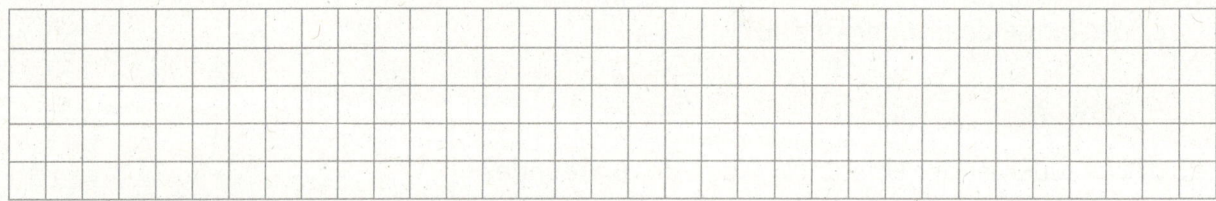

a) in fünf Tagen: 275 km   b) in acht Tagen: 624 km   c) in vier Tagen: 372 km   d) in drei Tagen: 267 km

   an einem Tag: ___   an einem Tag: ___   an einem Tag: ___   an einem Tag: ___

4. Rechne schriftlich.

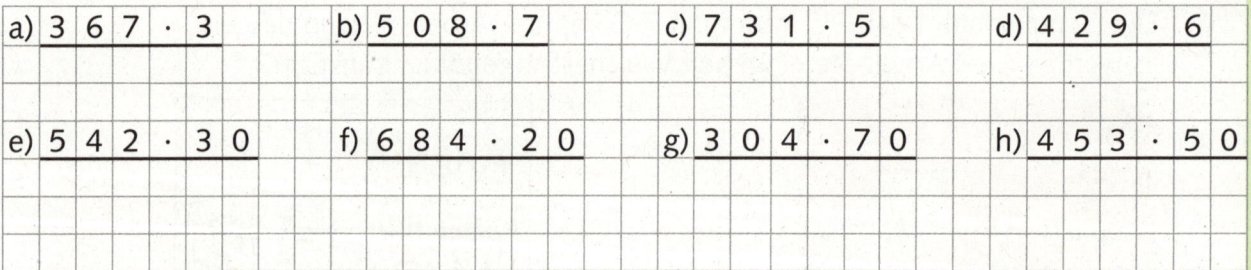

a) $367 \cdot 3$ b) $508 \cdot 7$ c) $731 \cdot 5$ d) $429 \cdot 6$

e) $542 \cdot 30$ f) $684 \cdot 20$ g) $304 \cdot 70$ h) $453 \cdot 50$

5. Manchmal bleibt ein Rest.

a) $2641 : 5 =$ _____ R: __   b) $6410 : 5 =$ _____ R: __   c) $3550 : 8 =$ _____ R: __

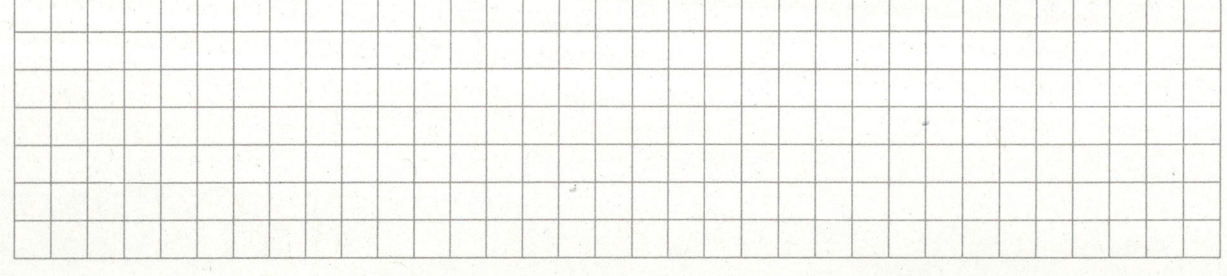

1. Was gehört zusammen? Färbe in der gleichen Farbe.

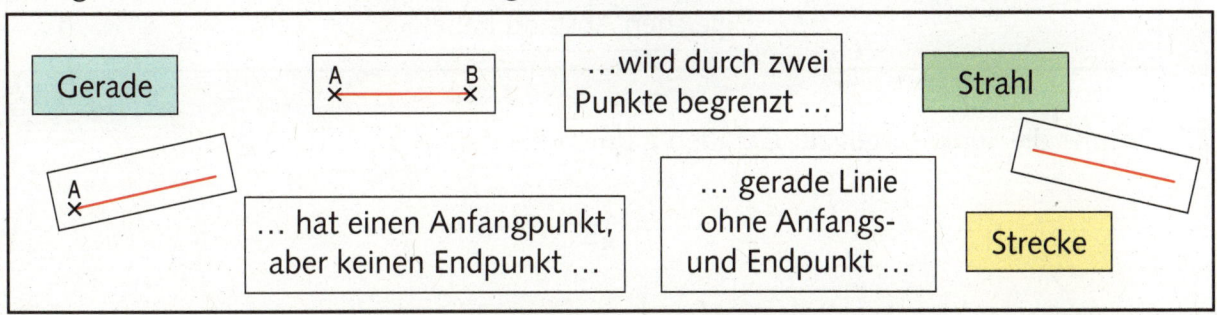

| Gerade | A ——— B | ...wird durch zwei Punkte begrenzt ... | Strahl |

A

... hat einen Anfangpunkt, aber keinen Endpunkt ...

... gerade Linie ohne Anfangs- und Endpunkt ...

Strecke

2. Strecke, Gerade oder Strahl? Notiere den richtigen Begriff.

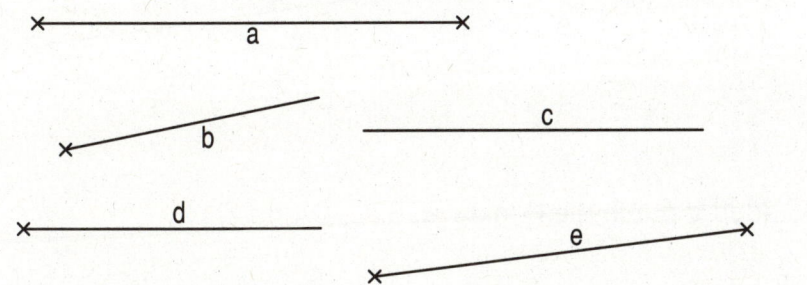

a) _____

b) _____

c) _____

d) _____

e) _____

3. Zeichne die Strecken $\overline{AB}$, $\overline{BD}$ und $\overline{CD}$. Miss die Länge der drei Strecken.

A×   ×B

×
C

$\overline{AB} =$ _____ cm,

$\overline{BD} =$ _____ cm,

$\overline{CD} =$ _____ cm

D
×

4. Zeichne das Muster mit dem Geodreieck weiter.

a)

b)

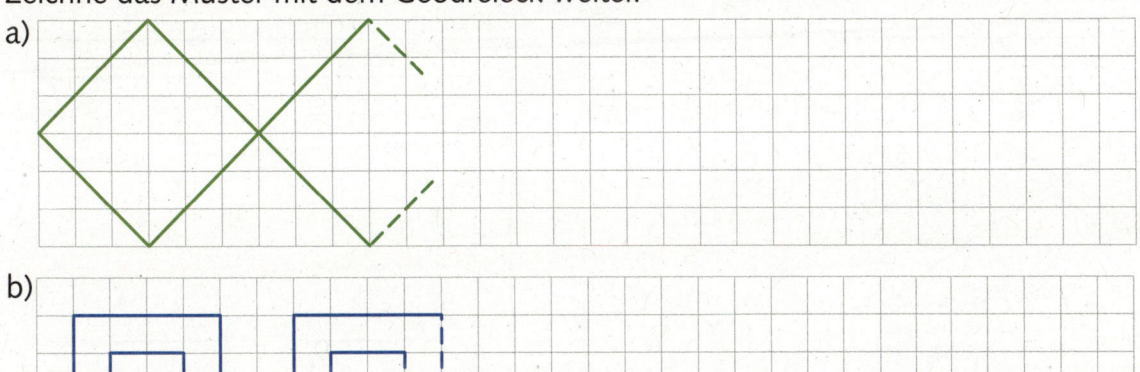

1. Was gehört zusammen? Färbe in der gleichen Farbe.

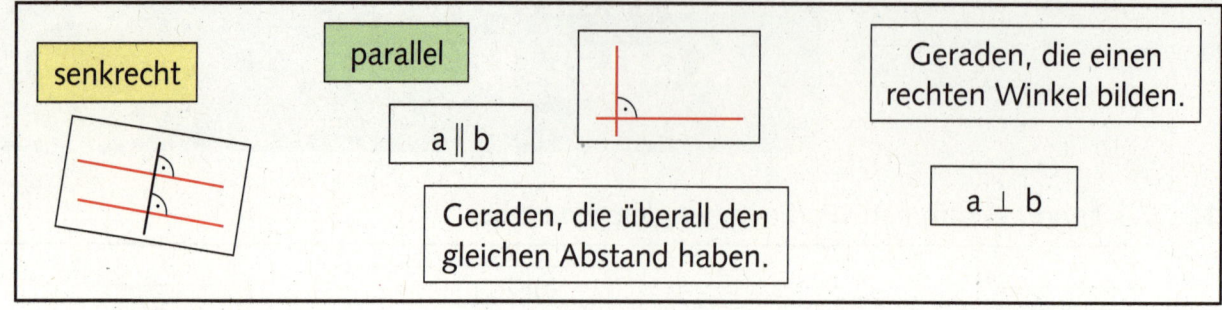

2. Zeichne die Senkrechten zur Geraden g durch die Punkte A, B, C, D und E.

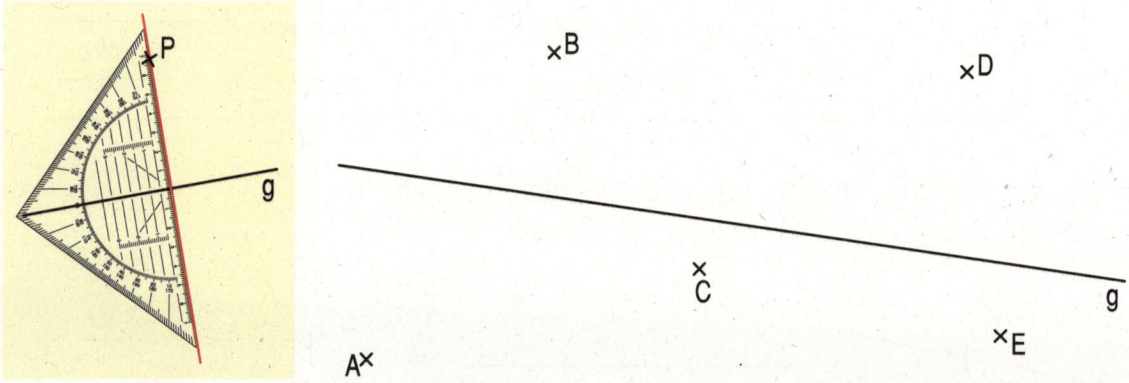

3. Zeichne die Parallelen zur Geraden g durch die Punkte A, B, C, D und E.

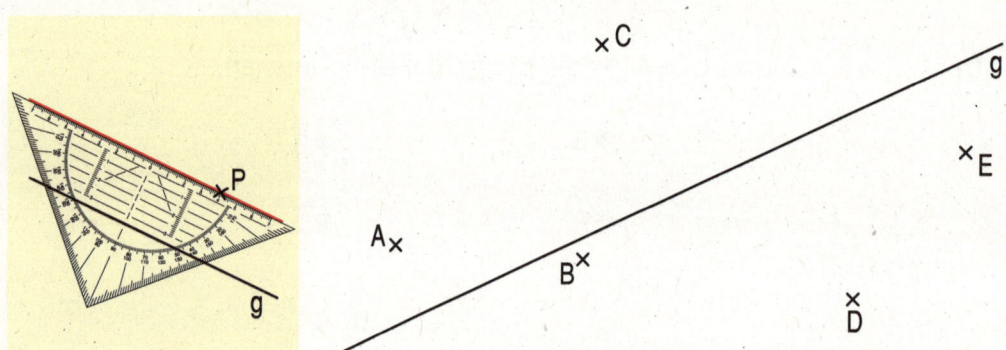

4. Parallel und senkrecht. Zeichne das Muster weiter.

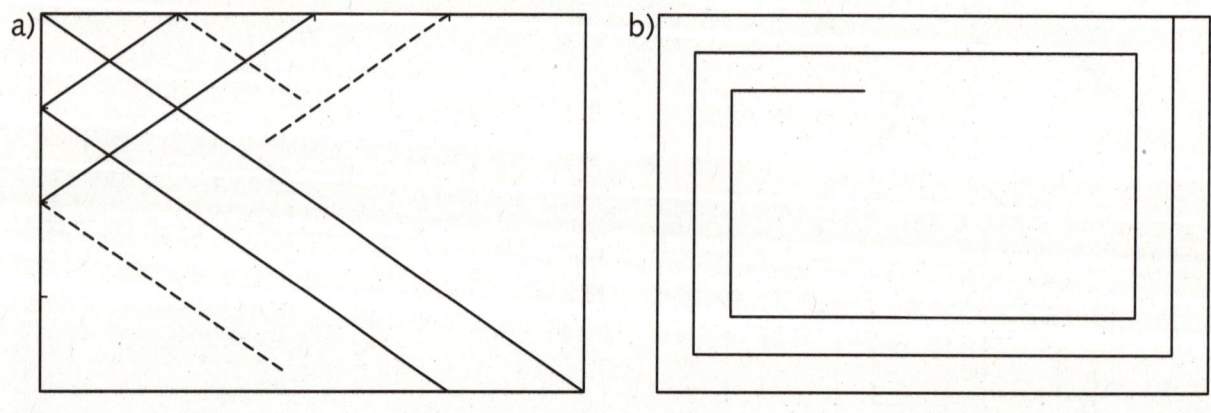

1. Welches ist die kürzeste Entfernung zum Tor?
Überprüfe durch Messen und färbe die kürzeste Strecke rot.

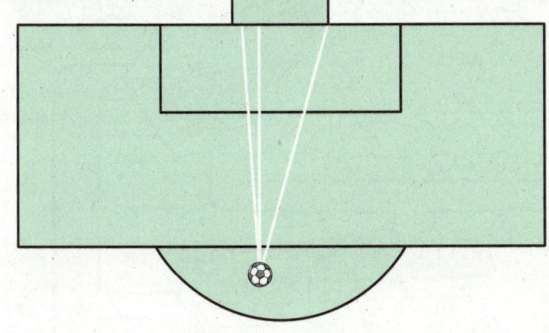

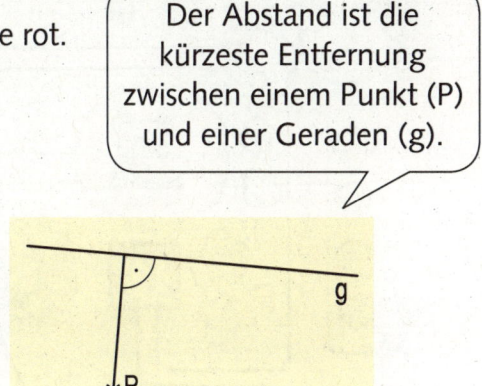

Der Abstand ist die kürzeste Entfernung zwischen einem Punkt (P) und einer Geraden (g).

2. Zeichne mit dem Geodreieck die kürzeste Strecke zwischen Insel und Küste ein.

Beispiel:

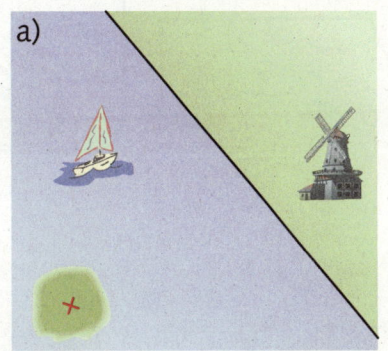

a)

b)

3. Zeichne die Senkrechten zur Geraden g durch die Punkte A, B, C, D und E.
Miss den Abstand des Punktes von der Geraden.

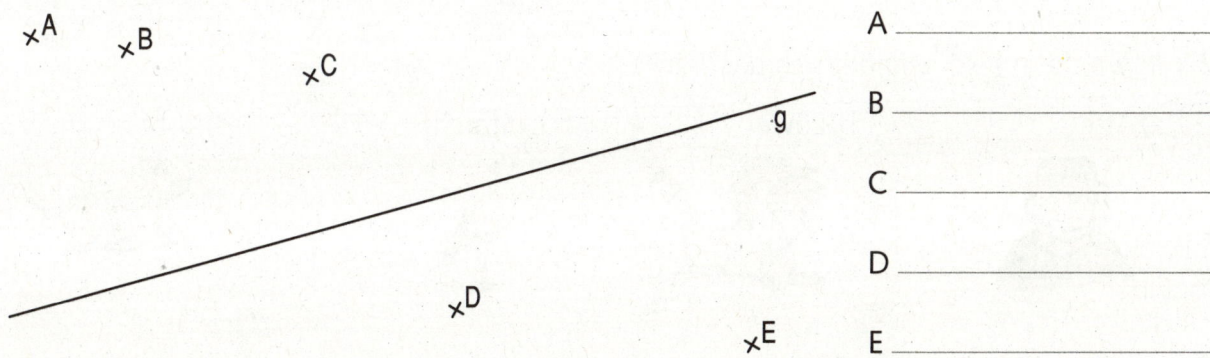

A _____

B _____

C _____

D _____

E _____

4. Zeichne eine gemeinsame Senkrechte ein und miss den Abstand zwischen den Parallelen.

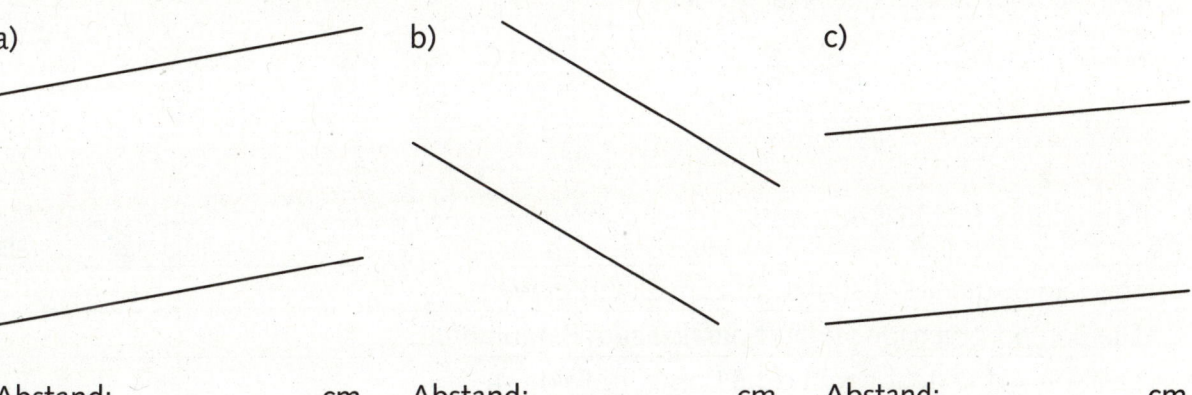

a)

b)

c)

Abstand: _____ cm   Abstand: _____ cm   Abstand: _____ cm

1. Welches Feld ist abgebildet?

a)

b)

c)

d)

_____

2. In welchem Feld befindet sich das Tier?

a) Affe

b) Löwe

c) Storch

d) Robbe

_____   _____   _____   _____

3. Welches Tier wollen die Besucher sehen?

a) B 5   b) D 6   c) G 1   d) A 6

_____   _____

4. Richtig oder falsch? Kreuze an.

	wahr	falsch
Die Kängurumeile ist senkrecht zum Elefantenweg.		
Die Bärenpromenade verläuft parallel zum Pinguinpfad.		
Der Affenpfad geht vom Feld B1 bis zum Feld C4.		
Der Robbenweg verläuft parallel zur Löwenallee.		

1. Bei einer Ausgrabung wurden die Ausrüstungsgegenstände eines Ritters gefunden.
Gib die Koordinaten der Fundorte an.

> 3 nach rechts und 4 nach oben. Der Helm befindet sich bei Punkt (3|4).

Helm: A (____ | ____)

Handschuh: B (____ | ____)

Dolch: C (____ | ____)

Axt: D (____ | ____)

Trinkbecher: E (____ | ____)

Krone: F (____ | ____)

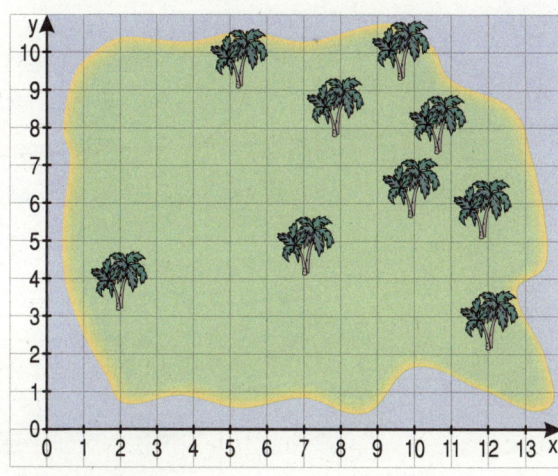

2. a) Auf einer Insel sind Schätze versteckt.
Trage die Punkte A (3|5), B (6|6),
C (8|2), D (6|9), E (9|7), F (1|7), G (7|9)
und H (1|4) in die Karte ein.

b) Ein Schiff segelt von Insel zu Insel.
Trage die Punkte A (5|2), B (6|4),
C (10|5), D(11|3), E(8|3), F(10|8), G(2|9)
in die Karte ein und verbinde sie.

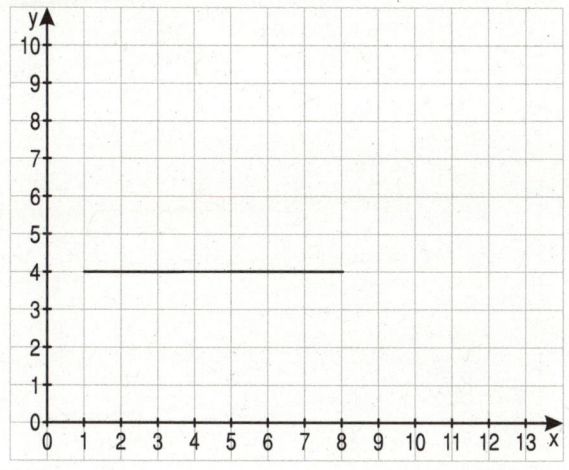
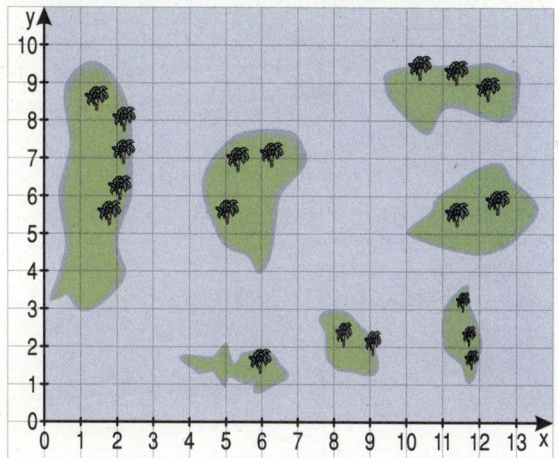

3. Trage die Punkte in das Quadratgitter ein und verbinde sie in der angegebenen Reihenfolge.

a) A (1|4), B (4|1), C (11|1), D (13|4),
E (8|4), F (8|10), G (12|5), H (6|5), I (8/8)

b) A (6|8), B (3|5), C (1|5), D (1|3),
E (12|3), F (12|5), G (10|8)

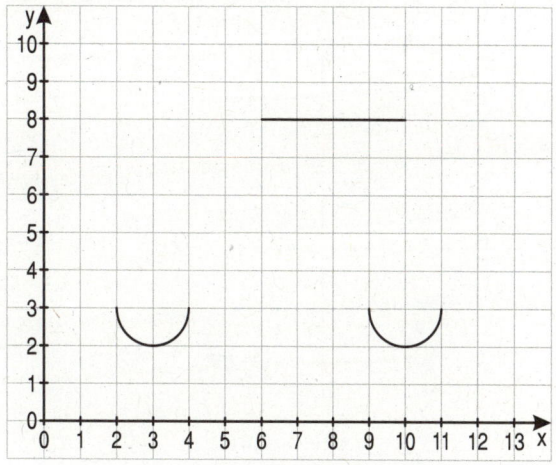

1. Zeichne die Spiegelachsen ein. Wie viele Spiegelachsen gibt es?

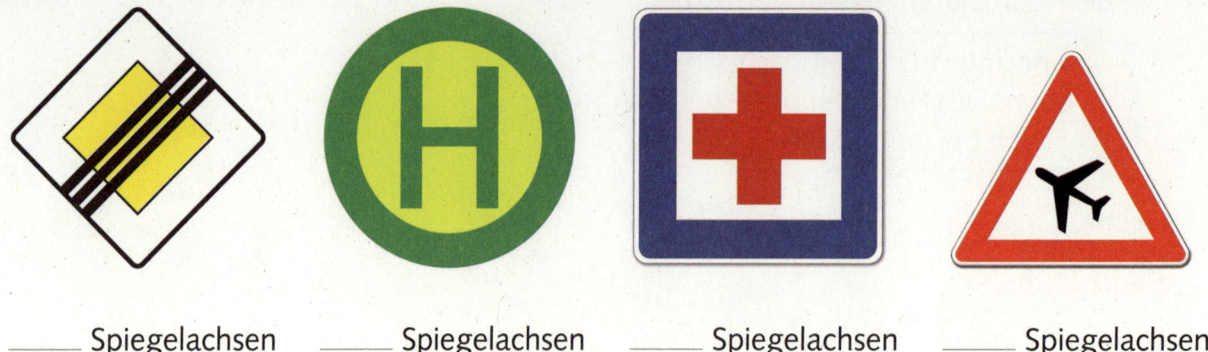

_____ Spiegelachsen   _____ Spiegelachsen   _____ Spiegelachsen   _____ Spiegelachsen

2. Ergänze zu einer achsensymmetrischen Figur.

a)   b)   c)

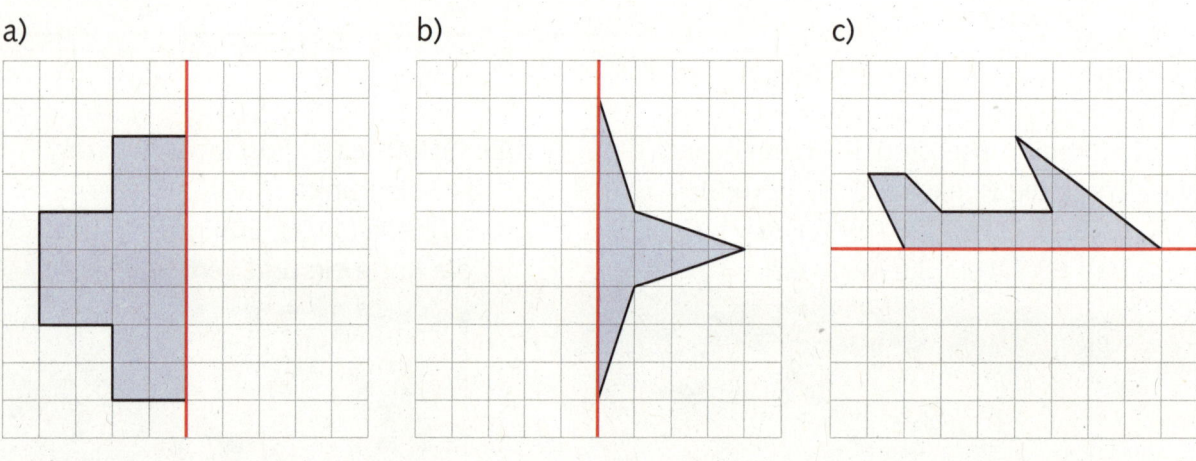

3. Spiegele die Figur an der roten Geraden.

a)   b)

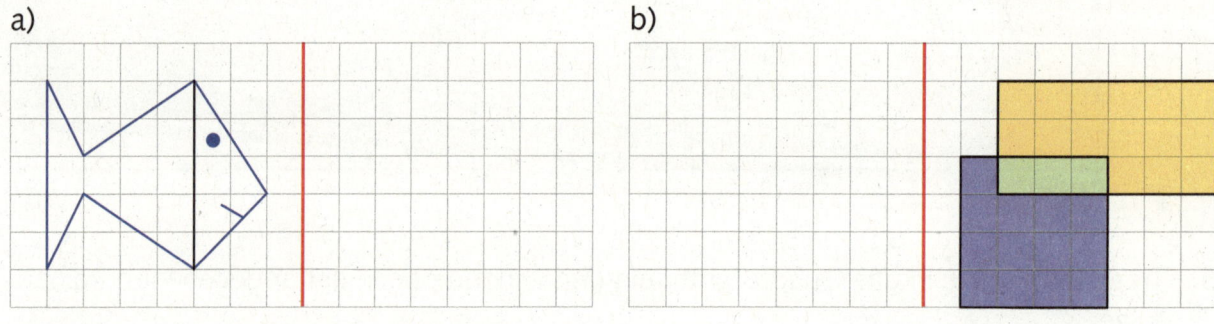

4. Spiegele die Figur an der Spiegelachse.

a)   b)   c)

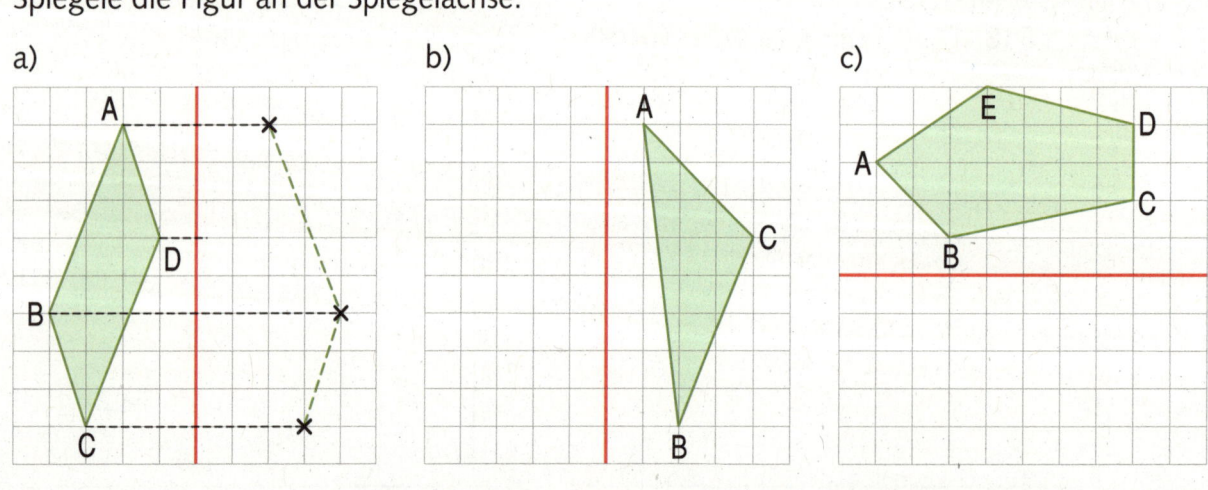

1. Ist die Aussage wahr oder falsch? Kreuze an.

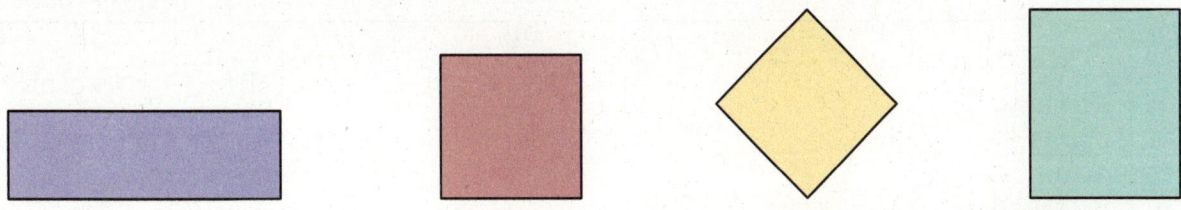

	wahr	falsch
Jedes Rechteck hat vier gleich lange Seiten.		
In jedem Rechteck sind die gegenüberliegenden Seiten parallel.		
Jedes Quadrat hat vier Eckpunkte.		
Jedes Quadrat hat vier gleich lange Seiten.		
In jeder Ecke eines Quadrats sind die Seiten parallel zueinander.		
In jeder Ecke eines Rechtecks stehen die Seiten senkrecht zueinander.		
Jedes Rechteck ist auch ein Quadrat.		

2. Miss die Seitenlängen und ergänze mit dem Geodreieck zu einem Rechteck.

a)   b)   c)

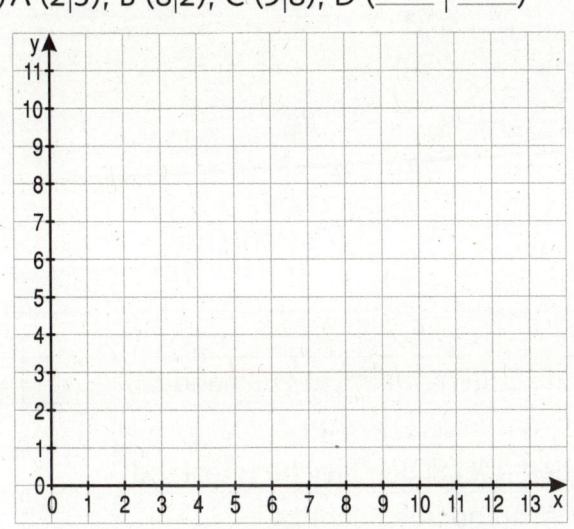

3. Zeichne die Punkte A, B und C in das Quadratgitter ein. Ergänze zu einem Rechteck. Notiere die Koordinaten von Punkt D.

a) A (2|3), B (8|2), C (9|8), D (____ | ____)   b) A (4|10), B (1|6), C (9|0), D (____ | ____)

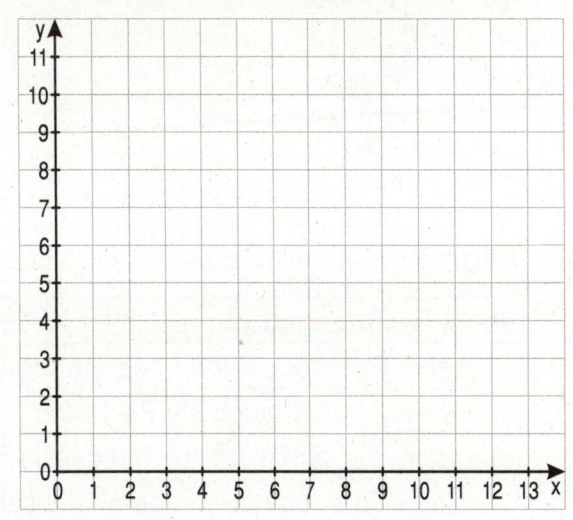

1. Parallel und senkrecht. Zeichne die Muster weiter.

a)

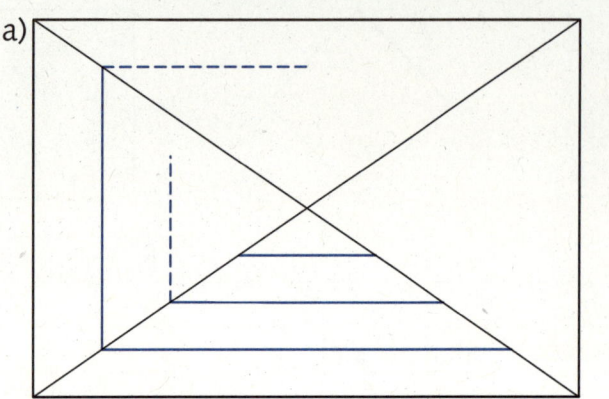

b)

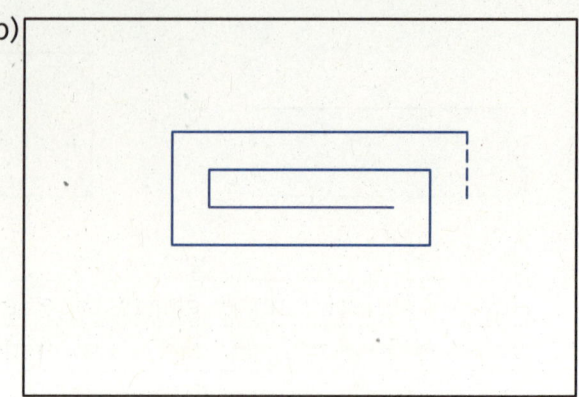

2. Wie weit sind die Kugeln vom roten Rand entfernt? Zeichne den Abstand ein und miss die Länge.

a)

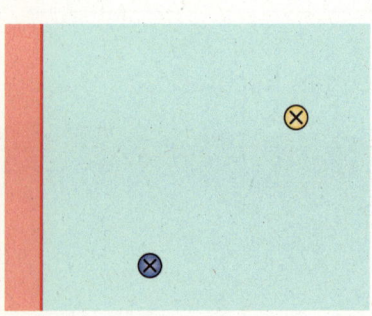

b)

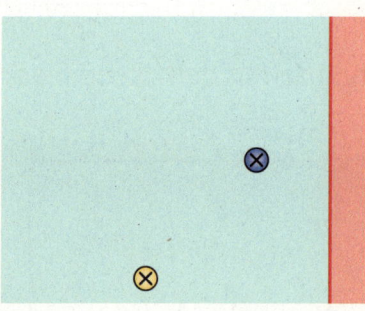

c)

gelb: _____ blau: _____   gelb: _____ blau: _____   gelb: _____ blau: _____

3. Ergänze zu einer achsensymmetrischen Figur.

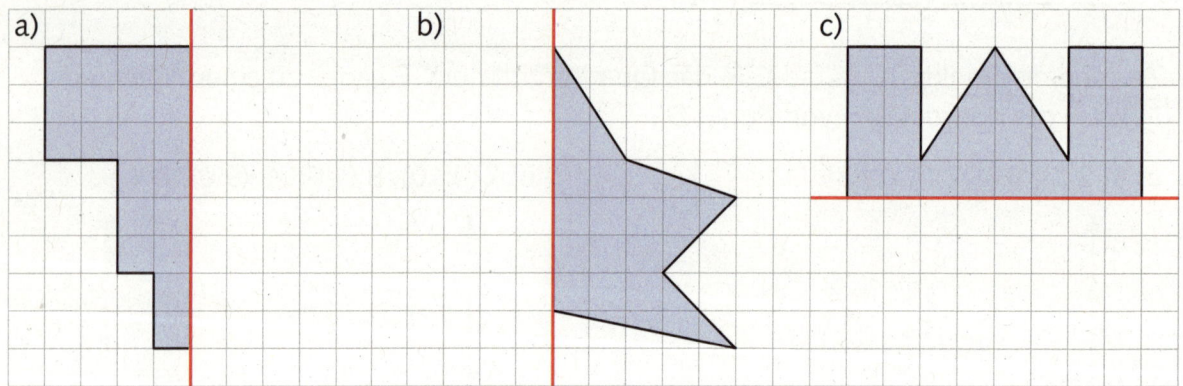

4. Ist die Aussage wahr oder falsch? Kreuze an.

	wahr	falsch
Jedes Rechteck hat vier gleich lange Seiten.		
In jedem Rechteck stehen gegenüberliegende Seiten senkrecht zueinander.		
Jedes Quadrat ist auch ein Rechteck.		
Geraden, die senkrecht zueinander sind, haben überall den gleichen Abstand.		
Parallele Geraden haben überall denselben Abstand voneinander.		
Jedes Quadrat hat vier rechte Winkel.		

Größen

 100 Cent = 1 €

 250 Cent = 2,50 €

 1 € und 50 Cent = 1,50 €

1. Fülle die Tabelle aus.

1 € 50 Cent	3 € 42 Cent			3 € 20 Cent	
1,50 €			2,15 €		
150 Cent		175 Cent			201 Cent

2. Notiere zwei verschiedene Möglichkeiten, den Geldbetrag zu legen.

a) 5 €   b) 1,76 €

2 € + 2 € + 50 Cent + 50 Cent _____   _____

_____   _____

3. Ordne nach der Größe. Beginne mit dem kleinsten Geldbetrag.

a) 590 Cent   4,75 €   2 € 99 Cent   6 €   b) 15,09 €   15 € 20 Cent   16 €   999 Cent

_____ < _____ < _____ < _____   _____ < _____ < _____ < _____

4. Im Kopf oder schriftlich? Rechne aus. Du erhältst ein Lösungswort.

a) 1,20 € + 2,10 € = _____ ☐   b) 2,75 € + 1,35 € = _____ ☐

2,60 € − 1,30 € = _____ ☐   4,70 € − 0,75 € = _____ ☐

1,78 € + 3,76 € = _____ ☐   4,44 € + 4,44 € = _____ ☐

4,00 € − 2,30 € = _____ ☐   7,20 € − 3,50 € = _____ ☐

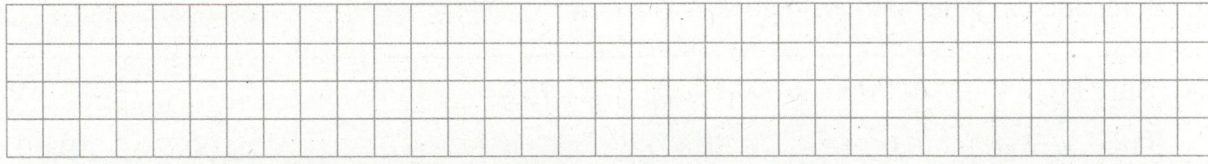

1,30 €	1,70 €	3,30 €	3,70 €	3,95 €	4,10 €	5,54 €	8,88 €
U	O	E	T	E	C	R	N

1. Reicht das Geld zum Kauf? Kreuze an.

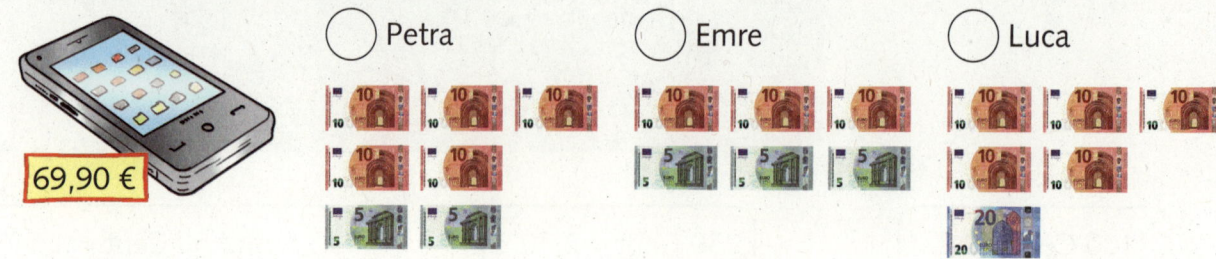

◯ Petra   ◯ Emre   ◯ Luca

69,90 €

2. Wie viel Geld bleibt übrig?

a)   45 €

b)   29 €

c)   59,90 €

d)   64,50 €

_____ €   _____ €   _____ €   _____ €

3. Wie viel Euro zahlt Tom?

a)   1,95 €

1,50 €

A: _____

b)   1,99 €

3,49 €   A: _____

4. Wie viel Euro beträgt der Preisnachlass?

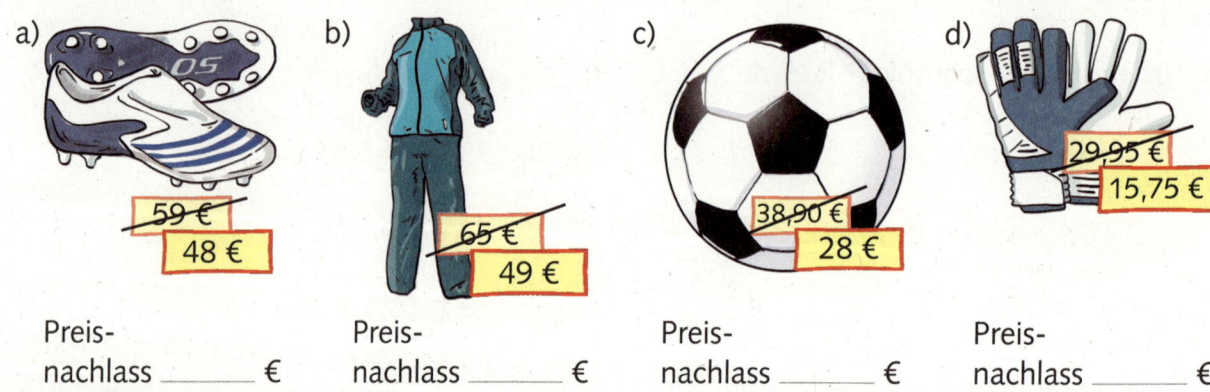

a)   59 €   48 €

b)   65 €   49 €

c)   38,90 €   28 €

d)   29,95 €   15,75 €

Preis-
nachlass _____ €   Preis-
nachlass _____ €   Preis-
nachlass _____ €   Preis-
nachlass _____ €

5. Berechne die fehlenden Beträge.

Alter Preis	20,90 €	60,90 €	89,50 €	100,90 €		
Preisnachlass	5,00 €	6,50 €			20,00 €	19,00 €
Neuer Preis			80,50 €	80,00 €	71,40 €	54,90 €

Ananas	Stück	1,99 €
Kokosnuss	Stück	90 Cent
Mango	Stück	1,50 €
Apfelsine	Stück	50 Cent

Heidelbeeren	Schale	1,70 €
Erdbeeren	Schale	1,50 €
Kiwi	Schale	1,40 €

Äpfel	1 kg	1,49 €
Birnen	1 kg	1,70 €
Bananen	1 kg	1,30 €
Kirschen	1 kg	3,29 €
Pfirsiche	1 kg	2,99 €
Weintrauben	1 kg	2,50 €

1. Vervollständige die Tabelle.

a) Ananas

Anzahl	Preis
1	
2	
3	
4	

b) Heidelbeeren

Schalen	Preis
1	
2	
3	
5	

c) Bananen

kg	Preis
1	
2	
4	
8	

d) Kirschen

kg	Preis
1	
2	
5	
10	

2. Wie viel Euro bezahlt der Kunde?

a)

1 Ananas und 1 kg Birnen

_____

b)

4 Kokosnüsse

_____

c)

2 kg Wein-trauben und 1 kg Kirschen

_____

3. Wie viel Euro bekommt der Kunde zurück?

a)

1 kg

_____

b)

4 kg

_____

c)

_____

4. Stimmt die Aussage? Überschlage und kreuze an.

◯ 4 kg Äpfel kosten mehr als 9 €.

◯ Herr Müller bezahlt für 1 Schale Kiwis und 1 kg Bananen 2,70 €.

◯ 2 Apfelsinen kosten weniger als 1,80 €.

◯ Lea kauft 2 Mangos. Sie bezahlt 5 € und erhält 2,50 € zurück.

1. Berechne den Unterschied.

a) O-Saft

Spar Kauf		Realo-Markt	
Anzahl	Preis	Anzahl	Preis
3		2	
1		1	

Unterschied: _____

b) Joghurt

Spar Kauf		Realo-Markt	
Anzahl	Preis	Anzahl	Preis
4		6	
1		1	

Unterschied: _____

c) Butter

Spar Kauf		Realo-Markt	
Anzahl	Preis	Anzahl	Preis
4		4	
1		1	

Unterschied: _____

d) Pizza

Spar Kauf		Realo-Markt	
Anzahl	Preis	Anzahl	Preis
2		3	
1		1	

Unterschied: _____

2. Marco kauft im Realo-Markt ein:

> 6 Becher Joghurt
> 3 Pizza
> 2 Flaschen O-Saft

Reichen 10 € aus? Überschlage, dann berechne den genauen Preis.

Überschlag: 2 € + _____

Wie viel Euro muss Marco bezahlen?

A: _____

3. Vergleiche die Preise und kreuze das günstigere Angebot an.

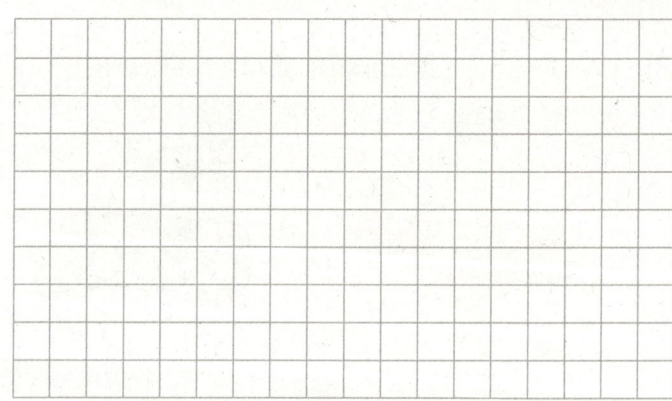

Paprika
- ◯ 1 kg 3,99 €
- ◯ 2 kg 6,90 €

Spargel
- ◯ 1 kg 5,00 €
- ◯ 5 kg 25,95 €

Zwiebeln
- ◯ 1 kg 0,55 €
- ◯ 10 kg 4,25 €

Tomaten
- ◯ 0,5 kg 1,98 €
- ◯ 2 kg 6,66 €

1. Ordne die Abkürzungen zu.

 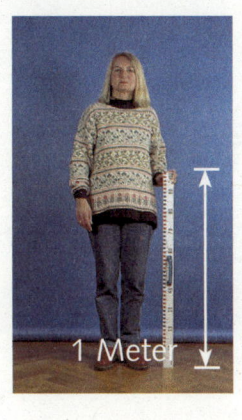 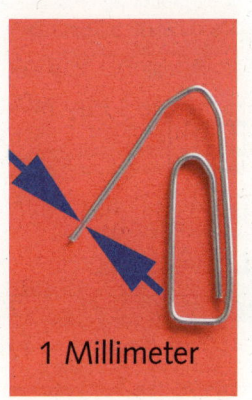 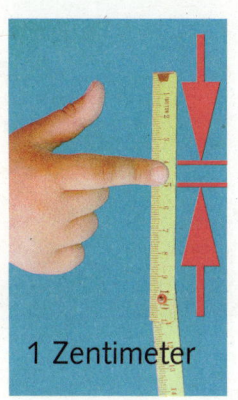

1 Kilometer   1 Meter   1 Millimeter   1 Zentimeter

| 1 m |
| 1 cm |
| 1 mm |
| 1 km |

_____   _____   _____   _____

2. Setze ein: m, cm oder mm.

15 _____   25 _____   150 _____   2 _____   700 _____

3. Ordne die passende Länge zu.

Höhe eines Wohnhauses   _____   8 m

Länge eines Lineals   _____   150 cm

Entfernung Potsdam – Berlin   _____   4 mm

Dicke eines Schulheftes   _____   1 m

Breite einer Zimmertür   _____   30 cm

Größe einer Schülerin   _____   29 500 m

4. Zeichne die Strecken.

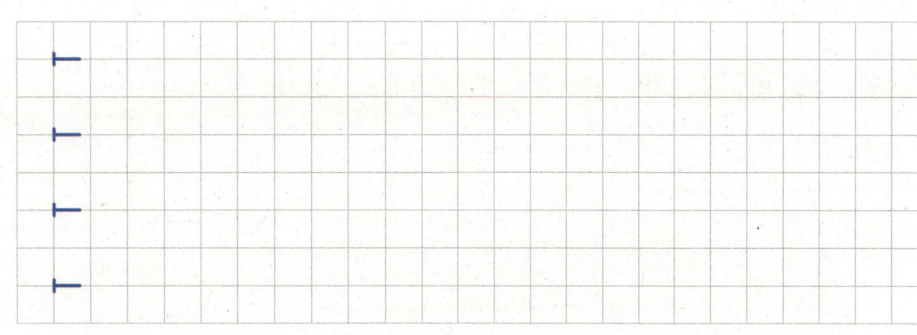

a) 9 cm

b) 10 cm

c) 70 mm

d) 15 mm

1. Schätze die Höhen.

Der Baum ist unge-
fähr _____ m hoch.

Das Haus ist unge-
fähr _____ m hoch.

Der Tisch ist unge-
fähr _____ cm hoch.

Der Koffer ist unge-
fähr _____ cm hoch.

2. Wie lang ist die Strecke?

a
_____ cm

d
_____ cm

_____ cm

c

_____ cm
b

_____ cm
e

3. Wandle um.   Beachte: 1 km = 1000 m   1 m = 100 cm   1 cm = 10 mm

a) 4 km = _____ m   9 km = _____ m   8000 m = _____ km   10 000 m = _____ km

b) 2 m = _____ cm   6 m = _____ cm   400 cm = _____ m   1000 cm = _____ m

c) 5 cm = _____ mm 12 cm = _____ mm   30 mm = _____ cm   100 mm = _____ cm

d) 10 mm = _____ cm 12 m = _____ cm   2000 m = _____ km   600 cm = _____ m

4. Wie viel Zentimeter und Millimeter sind es? Schreibe so: 12 mm = 1 cm 2 mm.

15 mm = _____   56 mm = _____   43 mm = _____   105 mm = _____

5. Wie viel Meter und Zentimeter sind es? Schreibe so: 120 cm = 1 m 20 cm.

250 cm = _____   317 cm = _____   860 cm = _____   701 cm = _____

6. Wie viel Kilometer und Meter sind es? Schreibe so: 1200 m = 1 km 200 m.

5900 m = _____   1010 m = _____   3865 m = _____   2004 m = _____

7. Kleiner, größer oder gleich? Setze ein: <, > oder =.

a) 350 cm ☐ 3 m   97 cm ☐ 1 m   500 cm ☐ 5 m   800 cm ☐ 80 m

b) 70 mm ☐ 7 cm   100 mm ☐ 1 cm   39 mm ☐ 4 cm   300 mm ☐ 30 cm

c) 700 m ☐ 1 km   1000 m ☐ 2 km   5500 m ☐ 5 km   9000 m ☐ 9 km

1.

Fülle die Tabelle aus.

2 m 30 cm		2 m 15 cm		
2,30 m	3,57 m		1,05 m	
230 cm				210 cm

2. Immer drei Längenangaben sind gleich. Kennzeichne sie mit der gleichen Farbe.

250 cm	1 m 91 cm	0 m 91 cm	2,5 m	2 m 5 cm	205 cm

91 cm	2 m 50 cm	1,91 m	2,05 m	191 cm	0,91 m

3.

Das sind 4,8 cm.
Oder 48 mm

Fülle die Tabelle aus.

4 cm 8 mm	3 cm 5 mm			4 cm 2 mm
4,8 cm		2,1 cm		
48 mm			39 mm	

4.

Noch 1,5 km.
Oder 1500 m

Fülle die Tabelle aus.

1 km 500 m			2 km 450 m	
1,500 km		3,750 km		
1500 m	2345 m			3011 m

5. Ordne nach der Größe. Beginne mit der größten Länge.

a) 23 mm   3,5 cm   4 cm   9 mm

b) 234 m   6,5 km   9,99 m   1 km

_____ > _____ > _____ > _____   _____ > _____ > _____ > _____

c) 2,5 m   30 cm   400 cm   0,85 m

d) 0,7 cm   1,01 m   0,11 m   18,5 cm

_____ > _____ > _____ > _____   _____ > _____ > _____ > _____

6. Immer drei Längenangaben sind gleich. Kennzeichne sie mit der gleichen Farbe.

2,075 km	1 cm 1 mm	2 km 75 m	2,75 m	1 m 1 cm	275 cm

11 mm	2 m 75 cm	1,01 m	2075 m	101 cm	1,1 cm

1. Berechne.

a) 3,50 m + 4,30 m = _____ m   b) 5,80 m – 2,70 m = _____ m

    1,90 m + 2,20 m = _____ m   3,70 m – 1,20 m = _____ m

    4,15 m + 4,35 m = _____ m   6,30 m – 0,40 m = _____ m

    6,20 m + 0,75 m = _____ m   2,50 m – 1,50 m = _____ m

    2,10 m + 9 m   = _____ m   5,40 m – 3 m   = _____ m

2. Wandle um in die kleinere Einheit und rechne aus.

a) 3,15 m + 40 cm = __315__ cm + __40__ cm = _____ cm = _____ m

b) 4,60 m + 90 cm = _____ + _____ = _____ = _____

c) 2,20 m – 70 cm = _____ – _____ = _____ = _____

d) 5,30 m – 35 cm = _____ – _____ = _____ = _____

e) 79 cm + 2,30 m = _____ + _____ = _____ = _____

3. Immer zwei Längenangaben ergeben zusammen 1 m. Kennzeichne sie mit der gleichen Farbe.

98 cm	80 cm	65 cm	0,55 m	0,75 m	0,91 m
9 cm	45 cm	25 cm	0,2 m	0,02 m	0,35 m

4. Immer drei Längenangaben ergeben zusammen 1 m. Kennzeichne sie mit der gleichen Farbe.

5 cm	0,77 m	8 cm	13 cm	90 cm

0,45 m	10 cm	2 cm	50 cm

5. Ergänze.

a) 3 mm + ___ mm = 1 cm   b) 75 cm + ___ cm = 1 m   c)   200 m + ___ m = 1 km

    8 mm + ___ mm = 1 cm   9 cm + ___ cm = 1 m   550 m + ___ m = 1 km

    0,4 cm + ___ mm = 1 cm   0,98 m + ___ cm = 1 m   0,895 km + ___ m = 1 km

    0,9 cm + ___ mm = 1 cm   0,05 m + ___ cm = 1 m   0,6 km + ___ m = 1 km

1. Ordne die Abkürzungen zu.

1 Tonne

1 Kilogramm

1 Gramm

1 g

1 t

1 kg

_____   _____   _____

2. Wie viel wiegt das? Ordne die Massen richtig zu.

Tafel Schokolade _____

50-Cent-Stück _____

Stuhl _____

große Büroklammer _____

leere Schultasche _____

Mathe-Buch _____

0,6 kg   100 g   1,3 kg   1 g   8 g   7 kg

3. Wandle um.   Beachte: 1 t = 1000 kg   1 kg = 1000 g   1 g = 1000 mg

a) 2 t = _____ kg   5 t = _____ kg   6000 kg = _____ t   20000 kg = _____ t

b) 5 kg = _____ g   10 kg = _____ g   1000 g = _____ kg   4000 g = _____ kg

c) 1 g = _____ mg   6 g = _____ mg   8000 mg = _____ g   11000 mg = _____ g

4. Wie viel Kilogramm und Gramm sind es? Schreibe so: 1200 g = 1 kg 200 g.

2200 g = _____   1050 g = _____   9750 g = _____   10105 g = _____

5. Wie viel Kilogramm sind es? Schreibe so: 3 t 50 kg = 3050 kg.

3 t 500 kg = _____   5 t 235 kg = _____   2 t 7 kg = _____   10 t 354 kg = _____

6. Kleiner, größer oder gleich? Setze ein: <, > oder =.

a)   150 kg ☐ 1 t   b) 3 kg ☐ 2000 g   c) 700 g ☐ 1 kg

    1000 kg ☐ 1 t   50 kg ☐ 6000 g   2000 g ☐ 2 kg

    5000 kg ☐ 5 t   5 kg ☐ 7000 g   4500 g ☐ 5 kg

    30000 kg ☐ 3 t   9 kg ☐ 900 g   8000 g ☐ 80 kg

1.

0,125 kg sind 125 g.

Pralinen

Fülle die Tabelle aus.

0 kg 125 g	3 kg 275 g			1 kg 80 g
0,125 kg		2,500 kg		
125 g			5 900 g	

2.

3,5 t

Das sind 3 500 kg.

Fülle die Tabelle aus.

3 t 500 kg	1 t 250 kg			
3,500 t		2,275 t		5,050 t
3 500 kg			1 395 kg	

3. Immer drei Massen sind gleich. Kennzeichne sie mit der gleichen Farbe.

2,175 kg	2 t 500 kg	0,275 t	2,250 kg	2 kg 175 g	2 500 kg

275 kg	2 kg 250 g	2 250 g	2 175 g	2,500 t	0 t 275 kg

4. Wie viel Gramm sind es?

a) 1,975 kg = _____   4,5 kg = _____   3,025 kg = _____   0,750 kg = _____

b) 0,734 kg = _____   7,4 kg = _____   7,043 kg = _____   4,703 kg = _____

5. Wandle um.

a) 1 499 g = _____ kg   b) 5 375 kg = _____ t   c) 4,325 t = _____ kg

   2 575 g = _____ kg   1 750 kg = _____ t   1,9 t   = _____ kg

   1 200 g = _____ kg   3 600 kg = _____ t   6,6 t   = _____ kg

   3 005 g = _____ kg   975 kg = _____ t   10,5 t   = _____ kg

6. Ordne nach der Masse. Beginne mit der kleinsten Masse.

a) 5,5 kg,   987 g,   5,999 kg,   5 000 g   b) 977 kg,   2,195 t,   7 999 g,   0,8 t

_____ < _____ < _____ < _____   _____ < _____ < _____ < _____

7. Ergänze.

a)   300 g + _____ g = 1 kg   b) _____ g +   890 g = 1 kg   c) 995 kg + _____ kg = 1 t

    70 g + _____ g = 1 kg   _____ g +   1 g = 1 kg   400 kg + _____ kg = 1 t

   0,9 kg + _____ g = 1 kg   _____ g + 0,925 kg = 1 kg   0,725 t + _____ kg = 1 t

   0,75 kg + _____ g = 1 kg   _____ g +   0,6 kg = 1 kg   0,85 t + _____ kg = 1 t

1. Ordne zu.

Die Fahrt dauert einen Tag.

Das Training dauert eine Stunde.

Ich kann eine Minute lang auf einem Bein stehen.

60 s

60 min

24 h

_____   _____   _____

2. Ordne die passenden Zeitangaben zu.

Klassenfahrt   _____

100-Meter-Lauf   _____

Unterrichtsstunde _____

Musikstück   _____

Kinofilm   _____

15 s   1 h 50 min

3 min 40 s   5 Tage

45 min

3. Wie viele Stunden sind es?

a) 2 Tage = _____ h   b) 10 Tage = _____ h   c) 5 Tage = _____ h   d) 7 Tage = _____ h

4. Wie viele Minuten sind es?

a) 3 h = _____ min   b) 5 h = _____ min   c) 4 h = _____ min   d) 1h 30 min = _____ min

5. Wie viele Minuten sind es?

a) 120 s = _____ min   b) 600 s = _____ min   c) 480 s = _____ min   d) 660 s = _____ min

6. Wie viele Sekunden sind es?

a) 1 min = _____ s   b) 6 min = _____ s   c) 9 min = _____ s   d) 10 min = _____ s

7. Ordne die Zeitangaben nach ihrer Dauer. Beginne mit der kürzesten Dauer.

| 90 min | E | | 2 min | C | | $\frac{1}{2}$ min | O | | 10 s | W | | 1 h | H |

Wie heißt das Lösungswort? _____

8. Wie viele Minuten sind es bis zur nächsten vollen Stunde?

a)    6:50 Uhr   b) [Uhr]   11:15 Uhr   c)    13:05 Uhr

_____ min   _____ min   _____ min

1. Wie viel Zeit ist vergangen?

Von 7:45 Uhr bis 8:00 Uhr sind es

_____ Minuten,
von 8:00 Uhr bis 13:00 Uhr sind es

_____ Stunden,
von 13:00 Uhr bis 13:05 Uhr sind es

_____ Minuten.

Schreibe so:

	7:45 Uhr bis 13:05 Uhr
von 7:45 Uhr bis 8:00 Uhr:	15 Minuten
von 8:00 Uhr bis 13:00 Uhr:	_____ Stunden
von 13:00 Uhr bis 13:05 Uhr:	_____ Minuten
_____ Stunden	_____ Minuten

Von 7:45 Uhr bis 13:05 Uhr sind es _____ Stunden und _____ Minuten.

2. Zeichne die Zeiger ein. Wie viel Zeit ist vergangen?

Nadine fährt um 15:00 Uhr los zum Training.	Den Sportplatz erreicht sie um 15:20 Uhr.	Das Training ist um 17:00 Uhr zu Ende.	Um 17:30 Uhr kommt Nadine wieder zu Hause an.

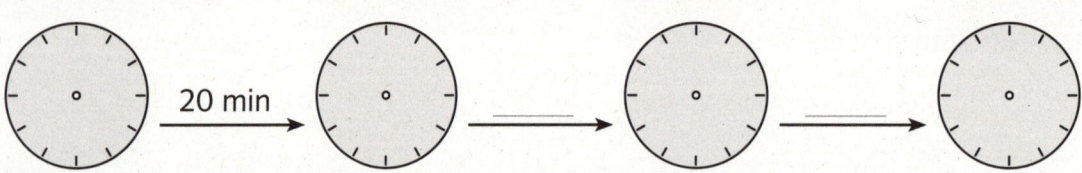

A: _____

3.

Anfang	9:00 Uhr	9:45 Uhr	12:30 Uhr	15:55 Uhr	19:47 Uhr	
Dauer	55 min	30 min	1 h 20 min			1 h 15 min
Ende				17:00 Uhr	21:57 Uhr	19:15 Uhr

4. Wie viel Zeit ist insgesamt vergangen?

16:46	___ min →	16:52	___ min →	17:15	___ min →	17:19

A: _____

1.

Wer trifft ins Schwarze?
Entfernung: 2 Meter
1 Versuch: 20 Cent, 3 Versuche:
50 Cent, 10 Versuche: 1 Euro

Paul hat 12 Versuche.
Seine beste Wattekugel landet
3 cm vor dem Ziel.
a) Wie viel Euro bezahlt Paul?

_____

b) Wie weit fliegt die beste Kugel?

_____

2. Ein Eis kostet 0,50 €.
Ayse bezahlt mit einem
5-Euro-Schein.

F: _____

A: _____

3. Sarah soll eine Stunde
lang Lose verkaufen.
20 Minuten sind be-
reits vergangen.

F: _____

A: _____

4.

Anfangszeiten:
11:30 Uhr
13:00 Uhr
14:30 Uhr

Wie lange dauert es noch bis zur
nächsten Vorführung?

_____

5. Die Siegerweite beim
Ballonwettbewerb im
Vorjahr betrug 679 km.
Vedas Ballon flog
108 Kilometer weniger.

F: _____

A: _____

6. Herr Wegner hat die
weiteste Anreise. Er
fährt 7,4 km.
Frau Hoff wohnt
1300 m von der
Schule entfernt.
Berechne die Differenz.

F: _____

A: _____

7.

Kartoffeln
aus dem
Schulgarten
Jeder Beutel
2,5 kg: 1,50 Euro

Frau Schepers kauft 3 Beutel.
a) Wie viel Euro bezahlt sie?

_____

b) Wie viel Kilogramm Kartoffeln
kauft Frau Schepers?

1. Kleiner, größer oder gleich? Setze ein: <, > oder =.

250 Cent ☐ 2 €; 4,98 € ☐ 500 Cent; 70 Cent ☐ 0,70 €; 120 Cent ☐ 12 €

2. Ordne nach der Größe. Beginne mit dem größten Geldbetrag.

1,95 €   1 € 90 Cent   192 Cent   0,99 €   _____ > _____ > _____ > _____

3. Nina kauft einen Stift für 1,20 € und ein Lineal für 90 Cent.
Wie viel Euro muss Nina bezahlen?

A: _____

4. Ergänze.

a) 25 cm + _____ = 1 m   b) 98 cm + _____ = 2 m   c) 0,75 m + _____ = 1 m

5. Wandle um.

a) 4,2 km = _____ m   0,9 km = _____ m   6 000 m = _____ km   2 500 m = _____ km

b) 5,2 cm = _____ mm 1,1 cm = _____ mm   40 mm = _____ cm   5 mm = _____ cm

6. Immer zwei Längen ergeben zusammen 2 m. Kennzeichne diese mit der gleichen Farbe.

| 15 cm | 171 cm | 1 m 5 cm | 0,29 m | 0,95 m | 185 cm |

7. Max wohnt 1,2 km von der Schule entfernt.
Wie viel Meter sind das für Hin- und Rückweg zusammen?

A: _____

8. Wandle um.

a) 1,275 t = _____ kg   3,5 t = _____ kg   2 750 kg = _____ t   900 kg = _____ t

b) 1,8 kg = _____ g   0,025 kg = _____ g   1 300 g = _____ kg   11 000 g = _____ kg

9. Tabeas Schultasche wiegt mit Inhalt 9,4 kg.
Die Schulsachen wiegen 8,1 kg.
Wie schwer ist die leere Schultasche?

A: _____

10. Wie viele Minuten sind es?

1 h = _____ min   2 h 30 min = _____ min   180 s = _____ min   360 s = _____ min

11. Ein Kinofilm beginnt um 15:30 Uhr.
Der Film dauert 95 Minuten.
Wann endet der Film?

A: _____

Umfang und Flächeninhalt

1.

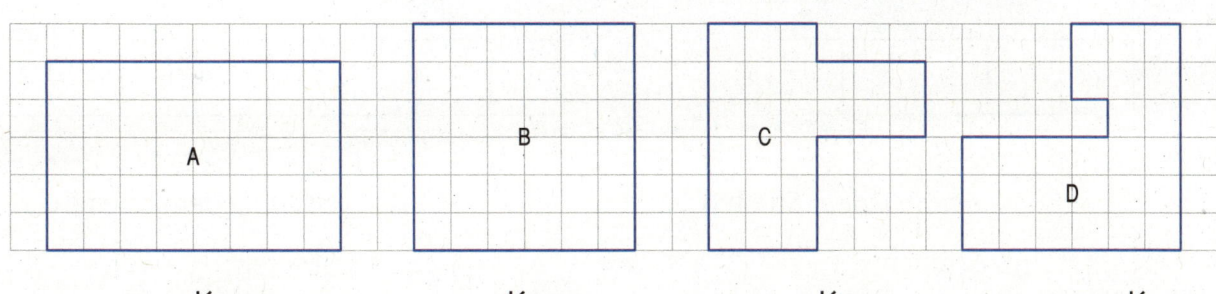

_____ Karos   _____ Karos   _____ Karos   _____ Karos

Welche Figur ist am größten? Figur _____ ist am größten.

2. Ein Teil des Rechtecks ist verdeckt. Wie viele Karos hat das vollständige Rechteck?

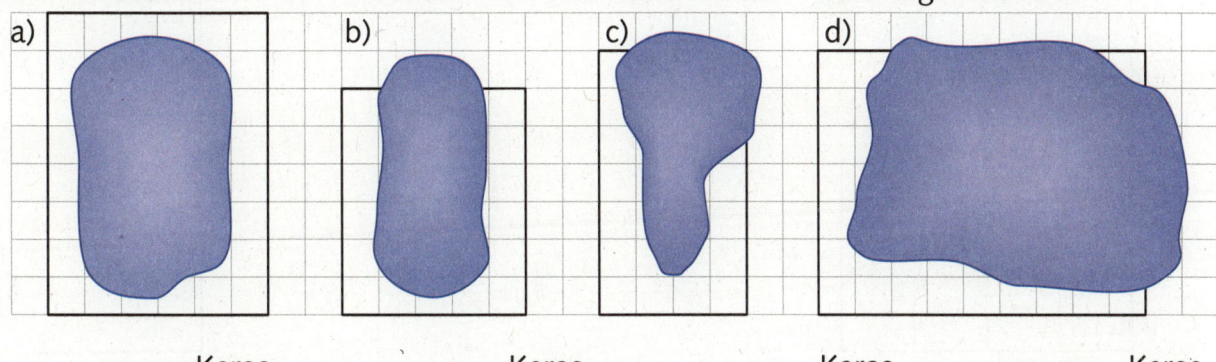

_____ Karos   _____ Karos   _____ Karos   _____ Karos

3. Wie viele Quadratzentimeter passen in die Figur?

a)

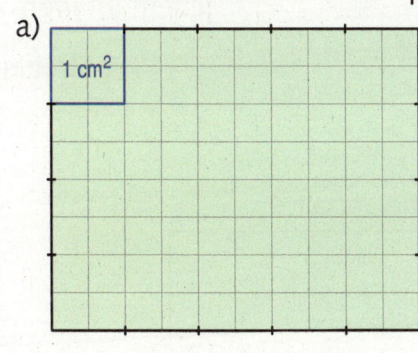

b)

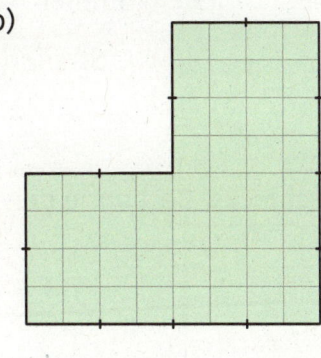

c)

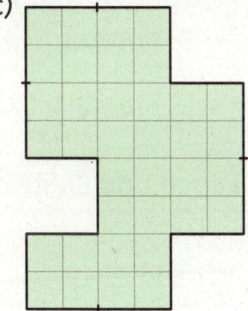

_____ Quadratzentimeter   _____ Quadratzentimeter   _____ Quadratzentimeter

4. a)

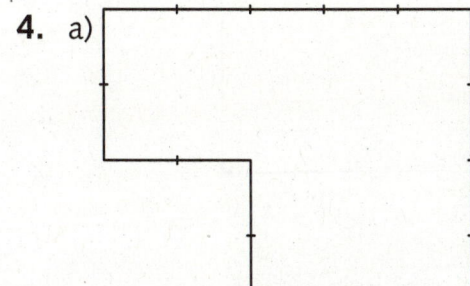

b)

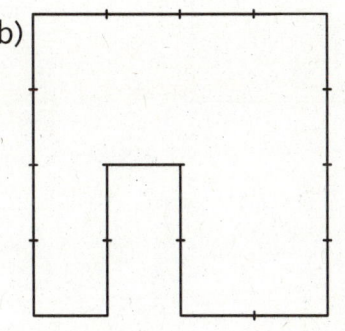

c)

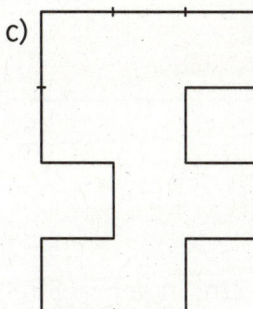

_____ Quadratzentimeter   _____ Quadratzentimeter   _____ Quadratzentimeter

1. Teile die Streifen in Quadratzentimeter ein. Bestimme den Flächeninhalt des Rechtecks.

a)
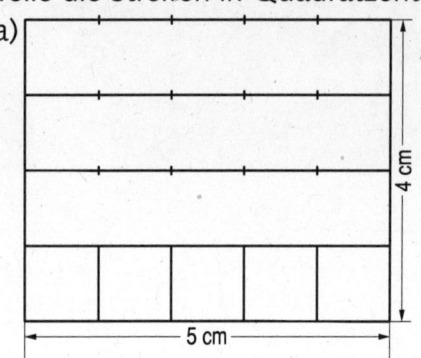

b)
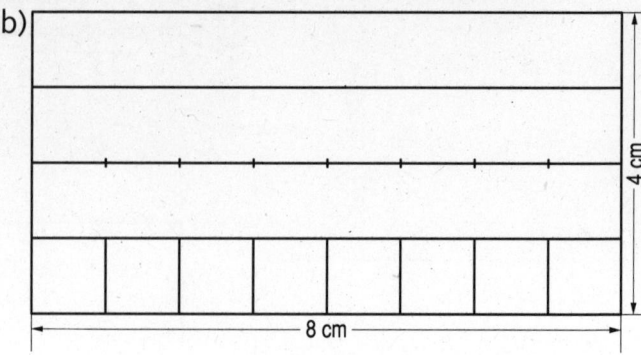

_____ cm² in jedem Streifen

_____ Streifen

Das Rechteck ist _____ cm² groß.

_____ cm² in jedem Streifen

_____ Streifen

Das Rechteck ist _____ cm² groß.

2. Zeichne Streifen ein. Bestimme den Flächeninhalt des Rechtecks.

a)
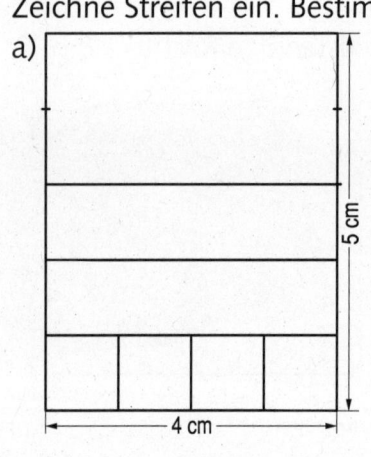

b)
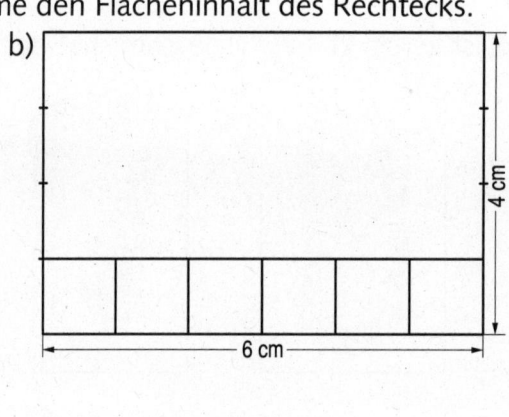

c)
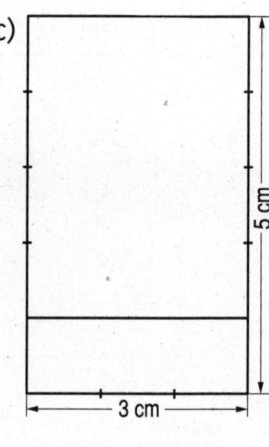

_____ cm² in
jedem Streifen

_____ Streifen

A = _____ cm²

_____ cm² in
jedem Streifen

_____ Streifen

A = _____ cm²

_____ cm² in
jedem Streifen

_____ Streifen

A = _____ cm²

3. Miss Länge und Breite des Rechtecks. Bestimme den Flächeninhalt.

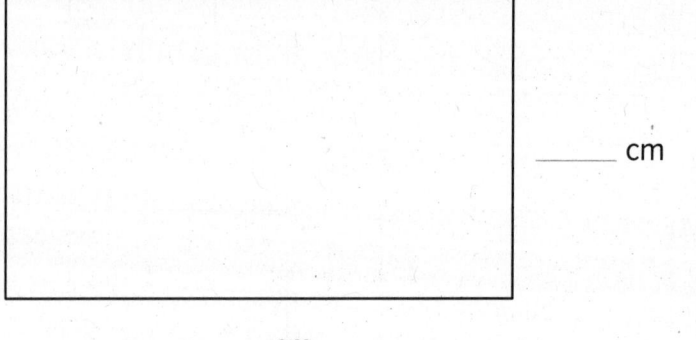

_____ cm

_____ cm

_____ cm² in jedem Streifen

_____ Streifen; A = _____ cm²

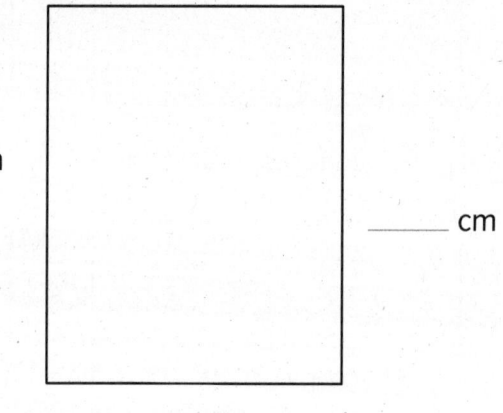

_____ cm

_____ cm

_____ cm² in jedem Streifen

_____ Streifen; A = _____ cm²

1. Miss Länge und Breite des Rechtecks. Berechne den Flächeninhalt.

a)

Länge: _____ cm   Breite: _____ cm

Flächeninhalt = Länge · Breite

A = _____ cm · _____ cm

A = _____ cm²

b)

Länge: _____ cm   Breite: _____ cm

Flächeninhalt = Länge · Breite

A = _____ cm · _____ cm

A = _____ cm²

2. Miss die Seiten a und b. Berechne den Flächeninhalt des Rechtecks.

a)

b =
_____ cm

a = _____ cm

A = a · b

A = _____ cm · _____ cm

A = _____ cm²

b)

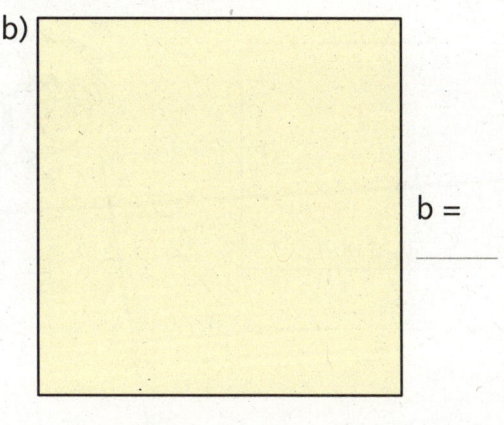

b =
_____ cm

a = _____ cm

A = a · b

A = _____ cm · _____ cm

A = _____ cm²

3. Das große Rechteck ist aus vier gleichen kleinen Rechtecken zusammengesetzt. Entnimm die nötigen Maße der Zeichnung und berechne den Flächeninhalt für ein kleines Rechteck und für das große Rechteck.

Kleines Rechteck

A = _____ cm · _____ cm

A = _____ cm²

Großes Rechteck

A = _____ cm · _____ cm

A = _____ cm²

1. Welche Schnecke hat den längsten Weg einmal um das Rechteck herum?

Eulalie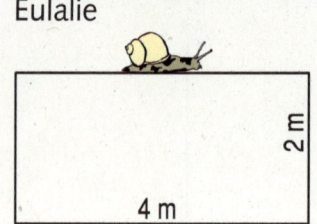

Isidor

Reudelbert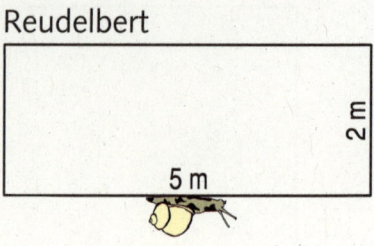

Weglänge: _____

Weglänge: _____

Weglänge: _____

Den längsten Weg hat _____ .

2. Jan und Eva berechnen den Umfang eines Rechtecks auf verschiedene Art.
Erhalten beide das gleiche Ergebnis?

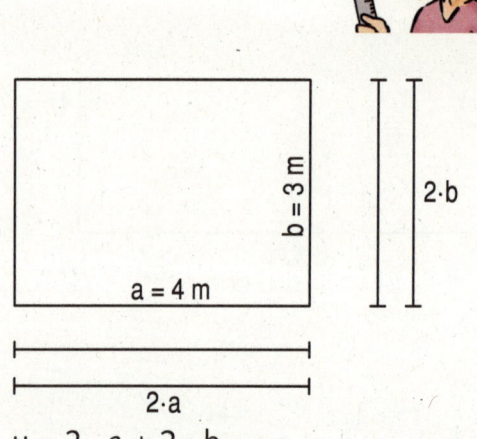

$u = a + b + a + b$

$u =$ ____ m + ____ m + ____ m + ____ m

$u =$ ____ m

$u = 2 \cdot a + 2 \cdot b$

$u = 2 \cdot$ ____ m + 2 \cdot ____ m

$u =$ ____ m

3. Miss die Seitenlängen des Rechtecks. Berechne den Umfang.

a)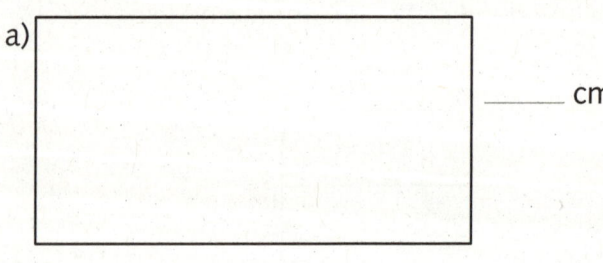

____ cm

____ cm

$u =$ _____

$u =$ _____ cm

b)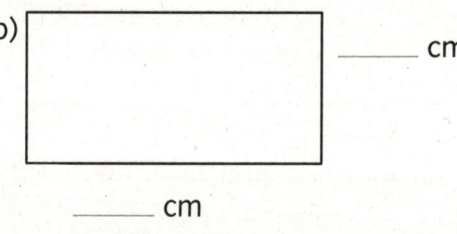

____ cm

____ cm

$u =$ _____

$u =$ _____ cm

1. Miss die Seitenlängen. Ergänze zum Rechteck. Berechne den Umfang.

a)

_____ cm

_____ cm

u = _____

u = _____ cm

b)
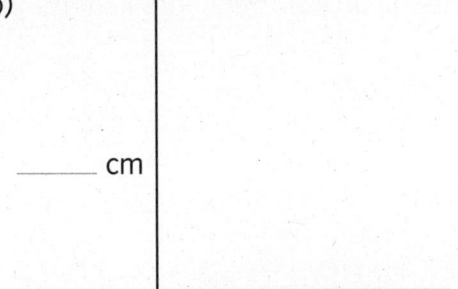

_____ cm

_____ cm

u = _____

u = _____ cm

c)

_____ cm

_____ cm

u = _____

u = _____ cm

d)

_____ cm

_____ cm

u = _____

u = _____ cm

2. Zeichne die Rechtecke zu Ende. Der Umfang soll immer 16 cm sein.

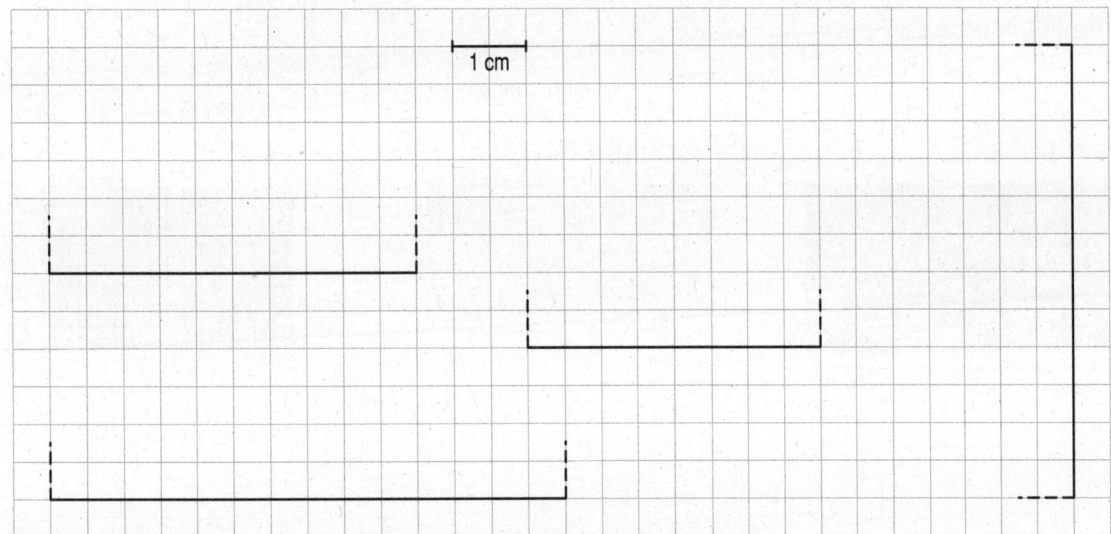

1 cm

3. Berechne den fehlenden Wert für das Rechteck.

	a)	b)	c)	d)	e)	f)
Länge	4 cm	3 cm	7 cm	12 cm	4 cm	
Breite	5 cm	3 cm	8 cm	2 cm		6 cm
Umfang					20 cm	24 cm

1. a) Zeichne das Rechteck: a = 12 cm, b = 3 cm.
   Schreibe an jede Seite ihre Länge.

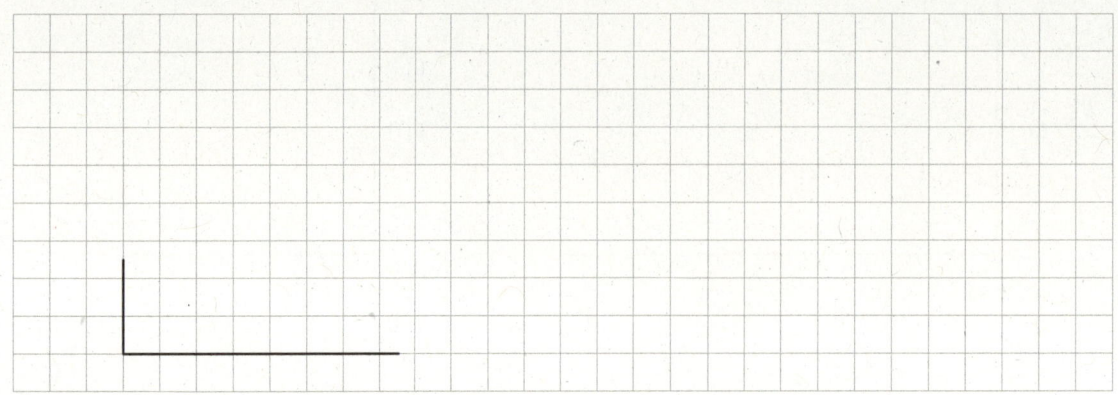

   b) Berechne den Umfang u und den Flächeninhalt A des Rechtecks.

   u = _____   A = _____

   u = _____ cm   A = _____ cm²

2. Was ist gesucht: Umfang oder Flächeninhalt? Kreuze an.

   a) Emine möchte ihr Lieblingsposter einrahmen.   Umfang ◯
      Das Poster ist 60 cm lang und 40 cm breit.
      Wie viel Zentimeter Leiste braucht Emine?   Flächeninhalt ◯

   b) Eine Dachfläche ist 11 m lang und 5 m breit.   Umfang ◯
      Das Dach wird mit Ziegeln eingedeckt.
      Wie viel Quadratmeter Ziegel werden benötigt?   Flächeninhalt ◯

   c) Eine Pferdeweide ist 90 m lang und 50 m breit.   Umfang ◯
      Die Weide wird neu eingezäunt.
      Wie viel Meter Zaun werden benötigt?   Flächeninhalt ◯

3. a) Wie lang wird der Zaun   b) Wie groß ist die   c) Wie groß ist die
        um das Beet?   Rasenfläche?   Fläche der Terrasse?

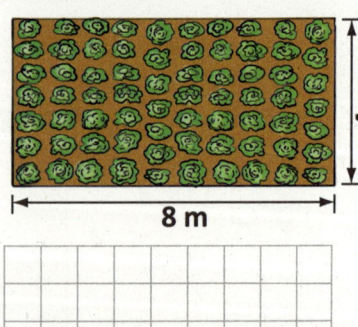
8 m

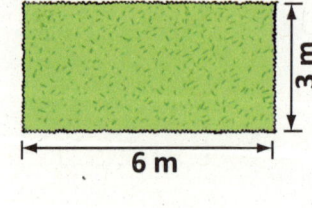
6 m

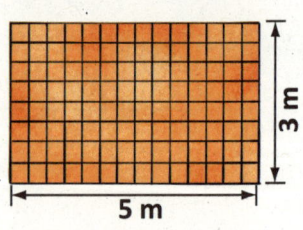
5 m

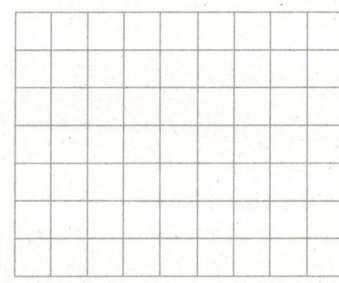

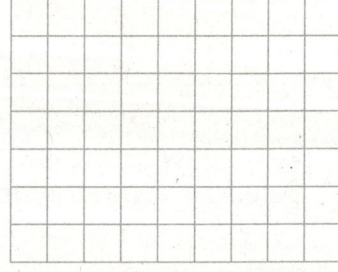

1. Mit welcher Einheit würdest du diese Flächen messen? Trage ein: mm², cm² oder m².

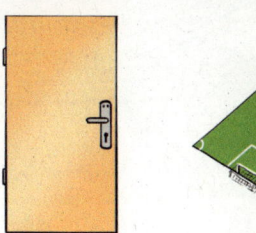     

_____ _____ _____ _____ _____ _____

2. Setze die passende Einheit ein: mm², cm² oder m².

a) Taste auf dem Handy 16 _____   b) Computer-Monitor 1 200 _____

Schultafel 4 _____   Tischtennisplatte 4 _____

Tischplatte 6 000 _____   Postkarte 150 _____

CD-Hülle 170 _____   Streichholzkopf 15 _____

3. Ordne den Flächen den passenden Flächeninhalt zu.

| 12 cm² | 500 cm² | 600 cm² | 50 mm² | 6 cm² |

4. Stimmt die Aussage? Kreuze an.

a) ◯ Ein 10-Euro-Schein ist 85 cm² groß.   b) ◯ Ein Maikäfer kann 40 cm² groß sein.

◯ Eine Briefmarke ist kleiner als 10 mm².   ◯ Eine Busfahrkarte ist 4 cm² groß.

◯ Ein Schulheft ist 1 500 cm² groß.   ◯ Ein Geodreieck ist 60 cm² groß.

5. Ergänze die fehlenden Angaben.

a) 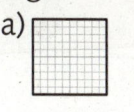   b) 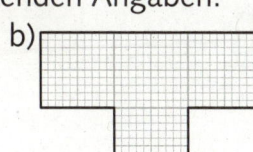   c) 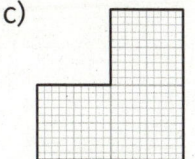   d)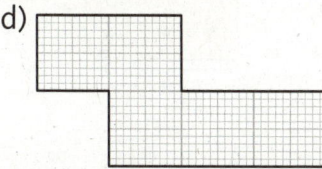

1 cm² = 100 mm²   _____ cm² = _____ mm²   _____ cm² = _____ mm²   _____ cm² = _____ mm²

6. a) 7 cm² = _____ mm²   b) 2 cm² = _____ mm²   c) 8 cm² = _____ mm²

12 cm² = _____ mm²   30 cm² = _____ mm²   10 cm² = _____ mm²

7. a) 600 mm² = _____ cm²   b) 1 500 mm² = _____ cm²   c) 500 mm² = _____ cm²

400 mm² = _____ cm²   2 000 mm² = _____ cm²   1 500 mm² = _____ cm²

1. a) Der rechteckige Garten wird neu einge-
zäunt. Für das Tor bleiben 2 m frei.
Wie viel Meter Zaun werden benötigt?

Es werden _____ m Zaun benötigt.

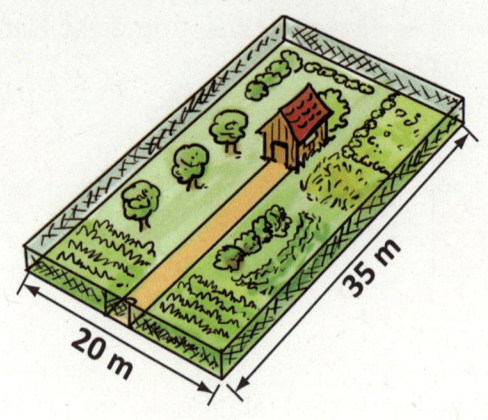

b) Wie groß ist die eingezäunte Fläche?

Die eingezäunte Fläche ist _____ m² groß.

c) Der Fußboden der Gartenlaube ist 3 m
lang und 2 m breit. Der Boden wird mit
Platten ausgelegt. Immer 4 Platten passen
auf 1 m². Wie viele Platten werden ins-
gesamt benötigt?

Es werden _____ Platten benötigt.

2. Familie Aumann möchte die Decke ihres
Wohnzimmers mit Holz verkleiden.

a) Wie viel Quadratmeter Holz werden
benötigt?

_____

Es werden _____ m² Holz benötigt.

b) Um die Decke herum bringt Herr Aumann
eine Abschlussleiste an. Wie viel Meter
Leiste benötigt Herr Aumann?

Herr Aumann benötigt _____ m Leiste.

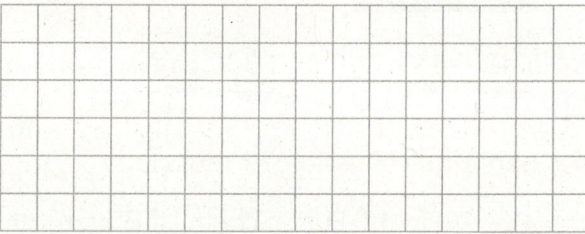

3. a) Berechne für jedes Blumenbeet die Größe der Fläche und den Umfang.

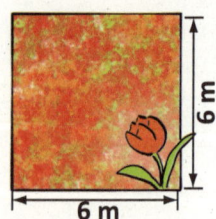
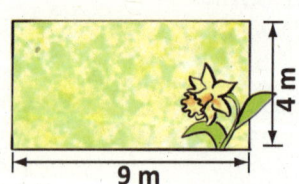
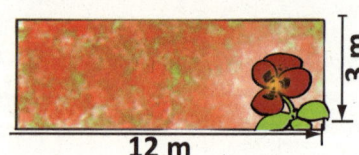

A = _____ m²   A = _____ m²   A = _____ m²

u = _____ m   u = _____ m   u = _____ m

b) Vergleiche die Ergebnisse. Was stellst du fest? Kreuze an.

◯ Alle Rechtecke mit dem gleichen Flächeninhalt haben den gleichen Umfang.

◯ Rechtecke mit verschiedenem Umfang können den gleichen Flächeninhalt haben.

1. a) Trage die fehlenden Maße in den Grundstücksplan ein.
b) Gib für jedes Grundstück Länge und Breite an. Berechne Umfang und Flächeninhalt.

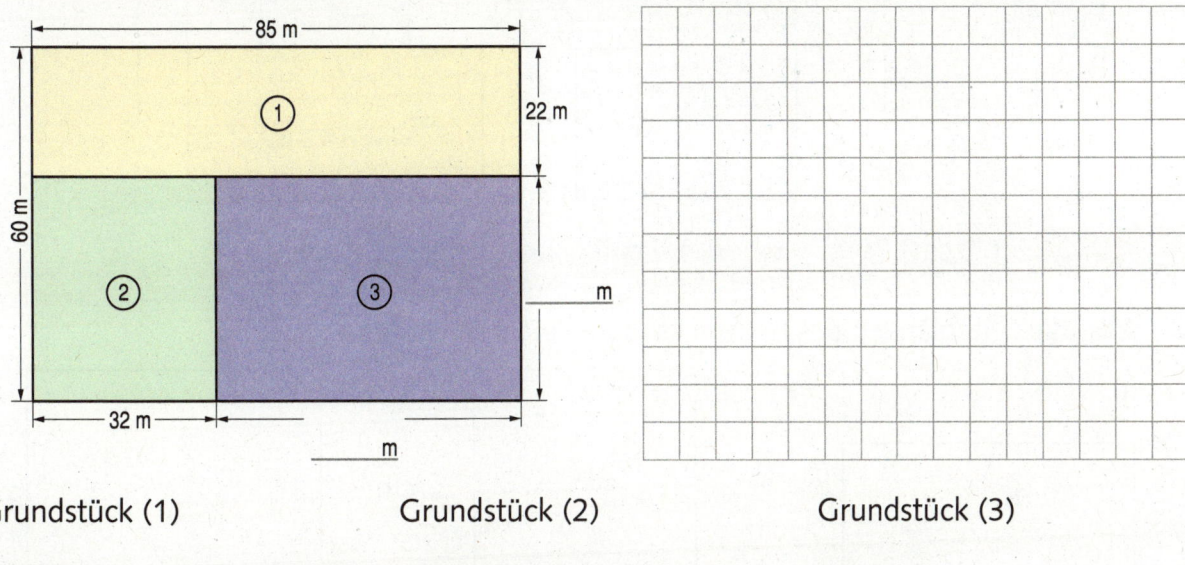

Grundstück (1)

Länge: _____ m

Breite: _____ m

Umfang: _____ m

Flächeninhalt: _____ m²

Grundstück (2)

Länge: _____ m

Breite: _____ m

Umfang: _____ m

Flächeninhalt: _____ m²

Grundstück (3)

Länge: _____ m

Breite: _____ m

Umfang: _____ m

Flächeninhalt: _____ m²

2. Das Bild zeigt den Grundriss einer Wohnung. Trage die fehlenden Maße ein. Berechne die Fläche der einzelnen Räume. Dann berechne die gesamte Wohnfläche.

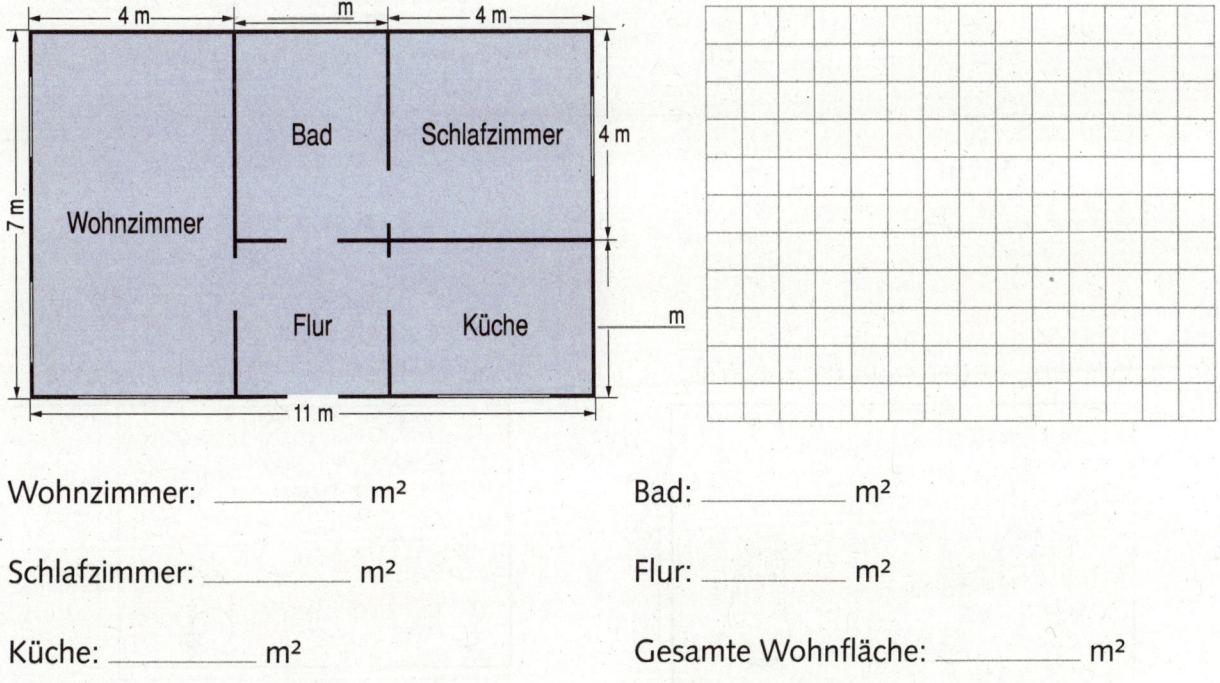

Wohnzimmer: _____ m²

Schlafzimmer: _____ m²

Küche: _____ m²

Bad: _____ m²

Flur: _____ m²

Gesamte Wohnfläche: _____ m²

3. Ein Kellerraum ist 4 m lang und 3 m breit. Wie groß ist die Fläche des Kellerraums?

A: _____

1. Teile die Figur in Quadratzentimeter ein. Wie viele cm² groß ist die Figur?

a) 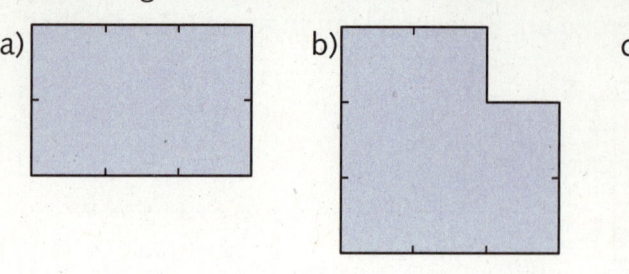 b) c) d)

_____ cm²   _____ cm²   _____ cm²   _____ cm²

2. Miss die Seitenlängen des Rechtecks. Berechne den Umfang.

a)   b)   c)

___ cm   ___ cm   ___ cm

___ cm   ___ cm   ___ cm

u = _____   u = _____   u = _____

u = _____ cm   u = _____ cm   u = _____ cm

3. Miss die Seitenlängen. Ergänze zum Rechteck. Berechne den Flächeninhalt.

a)   b)   c)

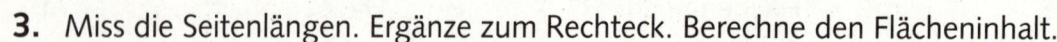

___ cm   ___ cm   ___ cm

___ cm   ___ cm   ___ cm

A = _____   A = _____   A = _____

A = _____ cm²   A = _____ cm²   A = _____ cm²

4. a) Wie lang ist der Zaun um die Weide?   b) Wie groß ist die Fläche der Terrasse?

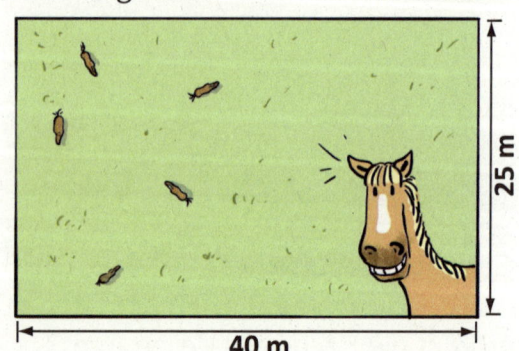   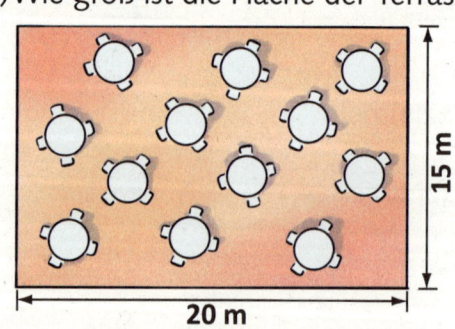

25 m   15 m

40 m   20 m

_____   _____

_____   _____

Brüche

1. Wo wurde in gleich große Teile (gerecht) geteilt?
Kreuze an.

2. Wie heißt der Bruch?

a) $\frac{1}{4}$ b) ___   c) ___   d) ___   e) ___

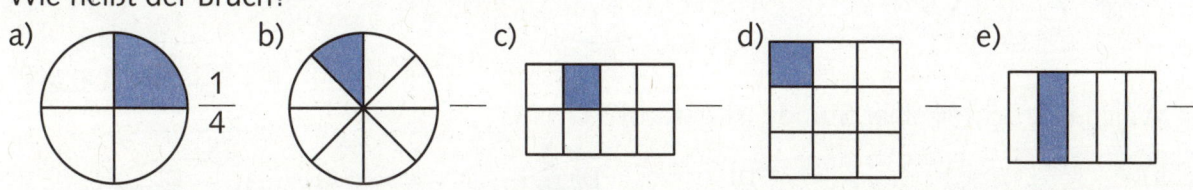

3. Färbe immer ein Feld. Gib den Bruchteil an.

a) $\frac{1}{4}$ b) ___   c) ___   d) ___

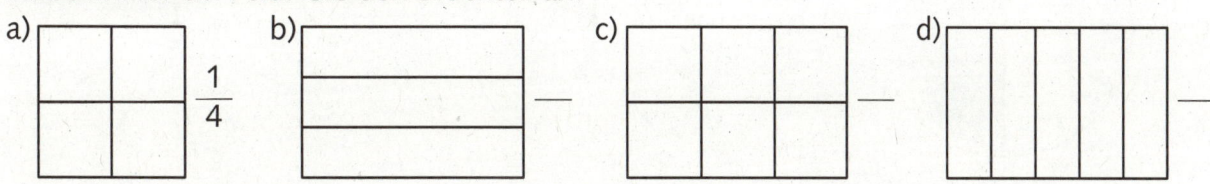

4. Zeichne und färbe den angegebenen Bruchteil.

a) $\frac{1}{4}$ b) $\frac{1}{8}$ c) $\frac{1}{3}$ d) $\frac{1}{5}$

e) $\frac{1}{2}$ f) $\frac{1}{9}$ g) $\frac{1}{7}$ h) $\frac{1}{4}$

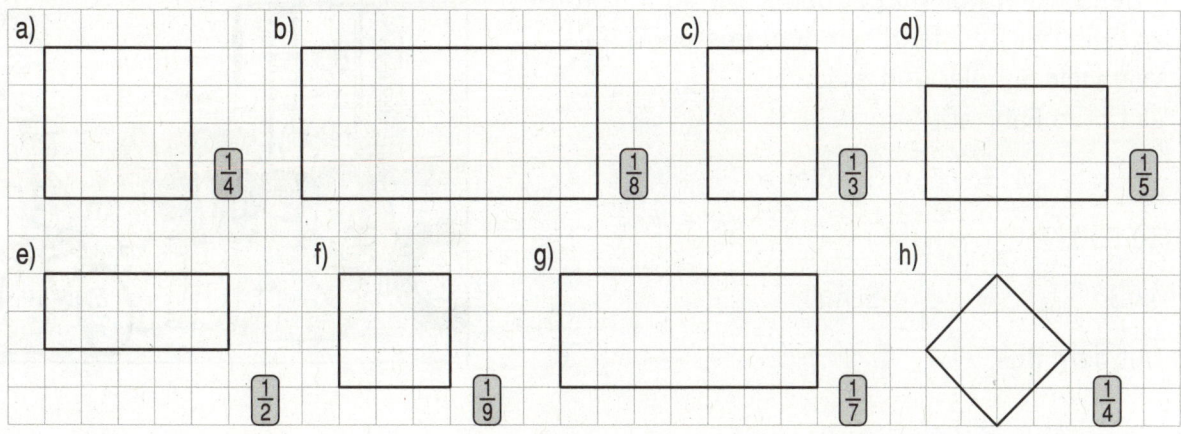

1. Wie viele Punkte sind es insgesamt? Färbe den Bruchteil. Schreibe auf.

a)

○ ○ ○ ○ ○
○ ○ ○ ○ ○
○ ○ ○ ○ ○

b)
○ ○ ○ ○ ○
○ ○ ○ ○ ○
○ ○ ○ ○ ○
○ ○ ○ ○ ○

c)
○ ○ ○ ○ ○
○ ○ ○ ○ ○
○ ○ ○ ○ ○
○ ○ ○ ○ ○

$\frac{1}{3}$ von 15 = 15 : 3 = ___

$\frac{1}{4}$ von ___ = ___ : ___ = ___

$\frac{1}{5}$ von ___ = ___ : ___ = ___

2. a) $\frac{1}{3}$ von 18 € = _____

$\frac{1}{6}$ von 18 € = _____

$\frac{1}{2}$ von 18 € = _____

$\frac{1}{9}$ von 18 € = _____

b) $\frac{1}{2}$ von 18 m = _____

$\frac{1}{5}$ von 45 m = _____

$\frac{1}{6}$ von 54 m = _____

$\frac{1}{8}$ von 72 m = _____

c) $\frac{1}{4}$ von   80 g = _____

$\frac{1}{3}$ von   90 g = _____

$\frac{1}{6}$ von 120 g = _____

$\frac{1}{5}$ von 150 g = _____

3. Färbe den angegebenen Bruchteil.

a) $\frac{1}{4}$ von einer Stunde

b) $\frac{1}{3}$ von einer Stunde

c) $\frac{1}{6}$ von einer Stunde

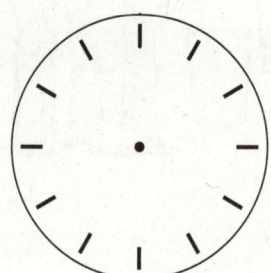
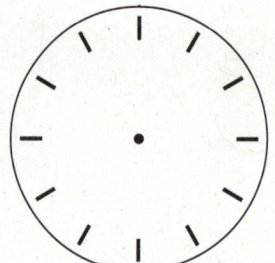
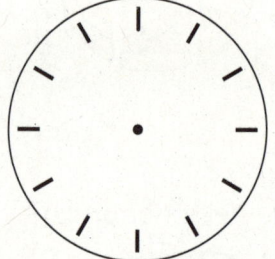

4. Welcher Bruchteil einer Stunde ist gefärbt?

a) 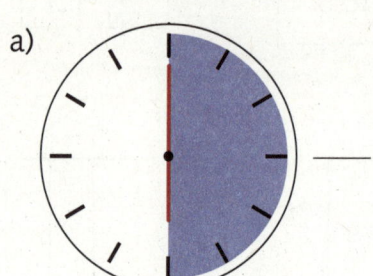 ___

b)  ___

c)  ___

5. Die Klasse 5b hat 24 Schüler.
$\frac{1}{4}$ der Schüler kommt mit dem Fahrrad, $\frac{1}{3}$ kommt
zu Fuß, der Rest fährt mit dem Bus zur Schule.
Wie viele Schüler sind es jeweils?
Mit dem Fahrrad:

$\frac{1}{4}$ von _____ = _____ Schüler

Zu Fuß:

$\frac{1}{3}$ von _____ = _____ Schüler

Mit dem Bus:

_____

1. Welcher Bruchteil ist gefärbt?

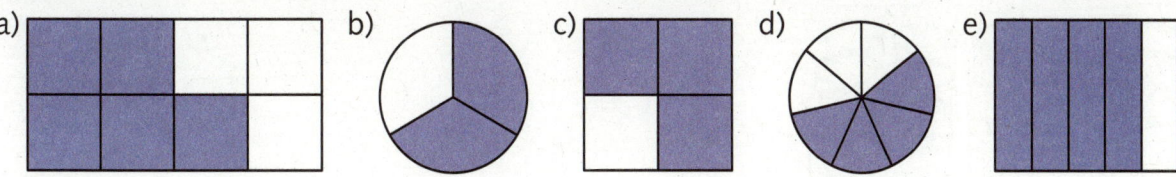

a) _____ b) _____ c) _____ d) _____ e) _____

2. Färbe in jeder Figur den im Kreis dargestellten Bruchteil.

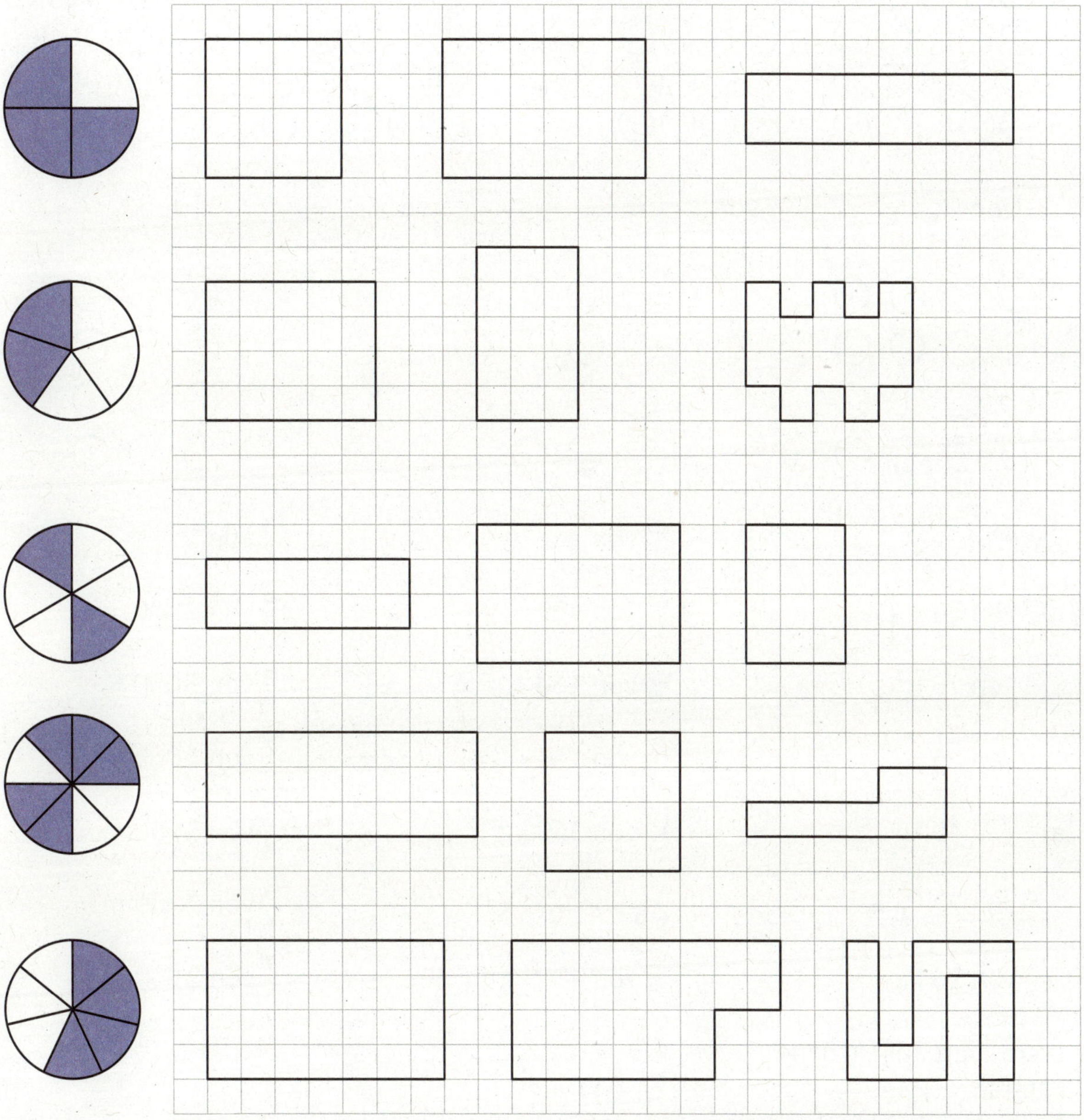

3. Finde verschiedene Möglichkeiten, in den Quadraten $\frac{3}{4}$ darzustellen.

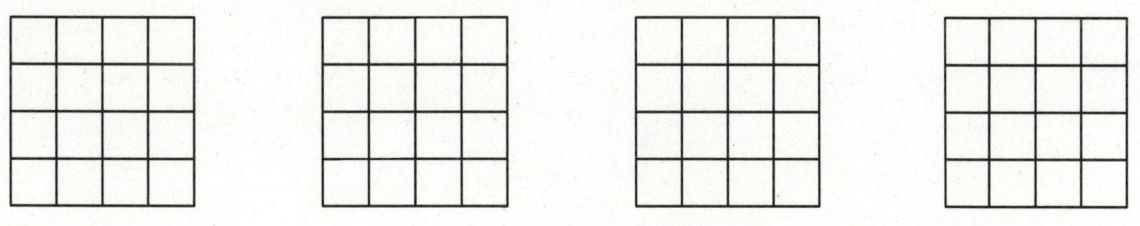

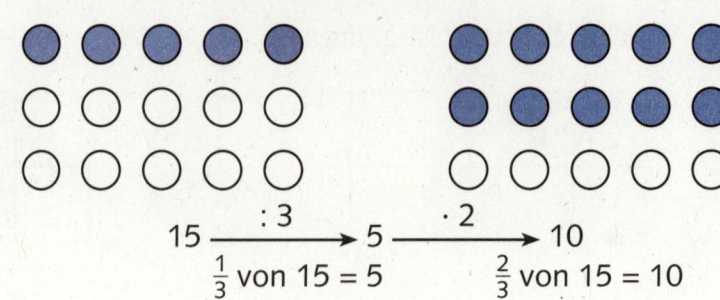

$\frac{2}{3}$ davon?

$$15 \xrightarrow{\;:\,3\;} 5 \xrightarrow{\;\cdot\,2\;} 10$$

$\frac{1}{3}$ von 15 = 5 $\frac{2}{3}$ von 15 = 10

1. Färbe und berechne.

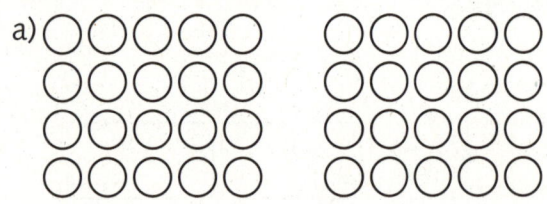

$\frac{1}{4}$ von ____ = ____ $\frac{3}{4}$ von ____ = ____

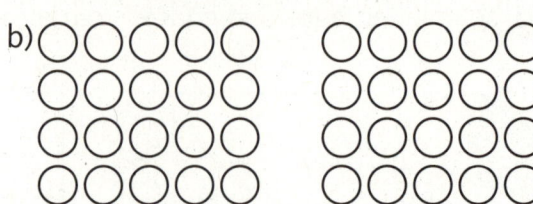

$\frac{1}{5}$ von ____ = ____ $\frac{3}{5}$ von ____ = ____

2. a)

$\frac{4}{5}$ von _____

b)

$\frac{5}{6}$ von _____

c)

$\frac{3}{8}$ von _____

3. a) $\frac{2}{3}$ von 24 = _____   b) $\frac{3}{4}$ von 400 = _____   c) $\frac{4}{5}$ von 2 500 = _____

$\frac{3}{4}$ von 16 = _____ $\frac{5}{8}$ von 160 = _____ $\frac{5}{6}$ von 6 000 = _____

$\frac{4}{5}$ von 25 = _____ $\frac{2}{7}$ von 140 = _____ $\frac{7}{8}$ von 4 000 = _____

4. a) $\frac{3}{4}$ von 40 kg = _____   b) $\frac{3}{5}$ von 350 kg = _____   c) $\frac{2}{3}$ von 3 000 m = _____

$\frac{3}{8}$ von 72 kg = _____ $\frac{2}{10}$ von 900 kg = _____ $\frac{5}{7}$ von 2 100 m = _____

$\frac{5}{6}$ von 36 kg = _____ $\frac{5}{8}$ von 480 kg = _____ $\frac{7}{9}$ von 3 600 m = _____

5. Petra spart auf ein neues Fahrrad.
Das Fahrrad soll 320 € kosten.
$\frac{3}{4}$ des Geldes hat sie schon auf ihrem Sparbuch.
Wie viel Euro muss sie noch sparen?

A: _____

1. Für den Bau einer Seifenkiste benötigt
   Simone $\frac{3}{4}$ m Rundstahl.
   Sie weiß: 1 m = 100 cm
   und rechnet:

   $\frac{3}{4}$ m = $\frac{3}{4}$ von 100 cm = _____

   Wie viel cm Rundstahl muss Simone
   einkaufen?

   A: _____

2. a) $\frac{3}{5}$ m = _____   b) $\frac{1}{2}$ m = _____

   $\frac{9}{10}$ m = _____ $\frac{1}{4}$ m = _____

   $\frac{7}{10}$ m = _____ $\frac{2}{5}$ m = _____

3. Kevin hat Freunde eingeladen.
   Er möchte einen Kuchen backen und
   benötigt dafür $\frac{3}{4}$ kg Mehl.
   Er erinnert sich: 1 kg = 1000 g
   und rechnet:
   $\frac{3}{4}$ kg = $\frac{3}{4}$ von 1000 g = _____
   Wie viel Gramm Mehl benötigt Kevin für
   seinen Kuchen?

   A: _____

4. a) $\frac{4}{5}$ kg = _____   b) $\frac{1}{4}$ kg = _____

   $\frac{6}{10}$ kg = _____ $\frac{1}{8}$ kg = _____

   $\frac{7}{10}$ kg = _____ $\frac{3}{8}$ kg = _____

5. Immer zwei Längen sind gleich. Färbe mit der gleichen Farbe.

   a)

25 cm	$\frac{1}{2}$ m	50 cm
$\frac{7}{10}$ m	$\frac{1}{4}$ m	70 cm

   b)

40 cm	$\frac{3}{4}$ m	80 cm
$\frac{8}{10}$ m	$\frac{2}{5}$ m	75 cm

6. Immer zwei Massen sind gleich. Färbe mit der gleichen Farbe.

   a)

$\frac{1}{2}$ kg	250 g	$\frac{1}{10}$ kg
	100 g	200 g
500 g	$\frac{1}{4}$ kg	$\frac{1}{5}$ kg

   b)

$\frac{3}{10}$ kg	$\frac{3}{4}$ kg	300 g
	750 g	900 g
400 g	$\frac{9}{10}$ kg	$\frac{2}{5}$ kg

1. a) 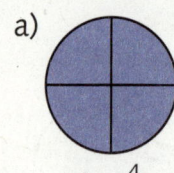   b) 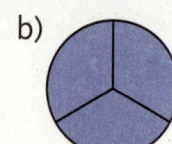   c) 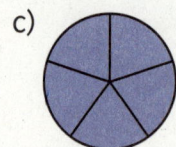   d) 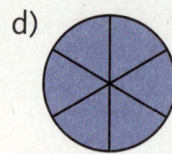   e)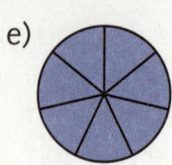

$1 = \dfrac{4}{4}$ $1 = \dfrac{}{3}$ $1 = \underline{\hspace{1cm}}$ $1 = \underline{\hspace{1cm}}$ $1 = \underline{\hspace{1cm}}$

2. Teile die Figur in die angegebenen Bruchteile ein.

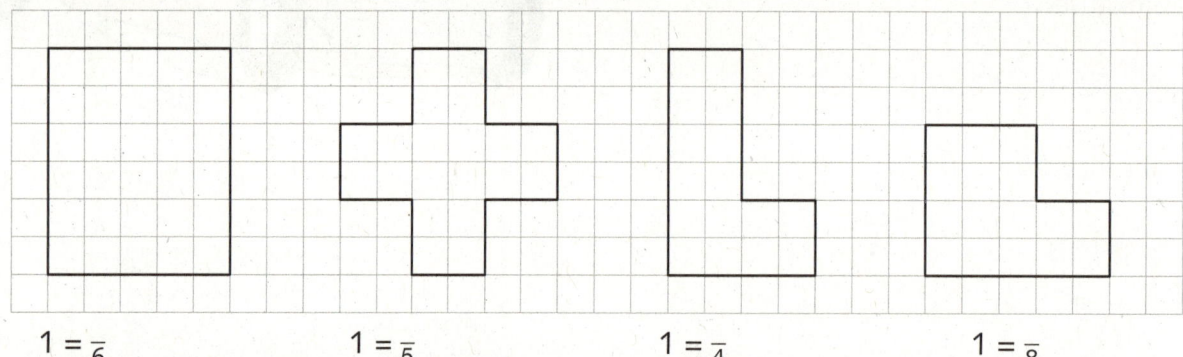

$1 = \dfrac{}{6}$ $1 = \dfrac{}{5}$ $1 = \dfrac{}{4}$ $1 = \dfrac{}{8}$

3. Schreibe zu jedem Bild die ganze Zahl und den Bruch.

a) 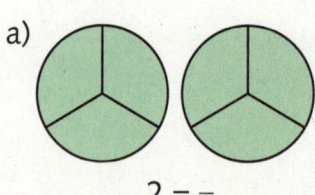   b) 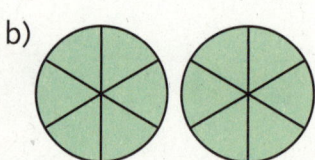   c)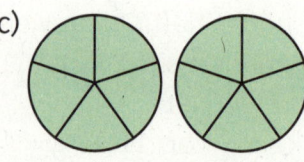

$2 = \dfrac{}{3}$ $\underline{\hspace{2cm}}$ $\underline{\hspace{2cm}}$

4. Färbe die angegebenen Bruchteile und schreibe als gemischte Zahl.

a) 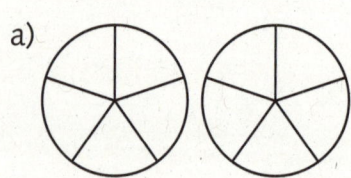   b) 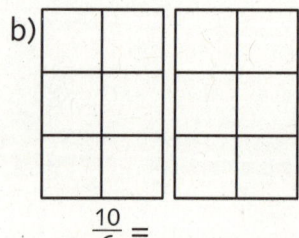   c)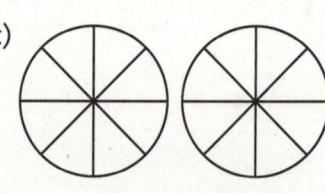

$\dfrac{8}{5} = \underline{\hspace{1.5cm}}$ $\dfrac{10}{6} = \underline{\hspace{1.5cm}}$ $\dfrac{13}{8} = \underline{\hspace{1.5cm}}$

5. Schreibe zu jedem Bild die gemischte Zahl und den Bruch.

a) 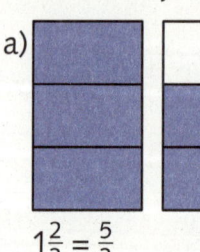   b) 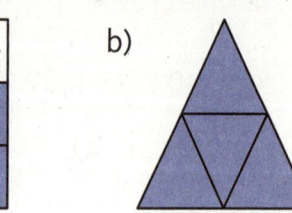   c)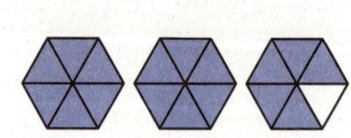

$1\dfrac{2}{3} = \dfrac{5}{3}$ $\underline{\hspace{2cm}}$ $\underline{\hspace{2cm}}$

d) 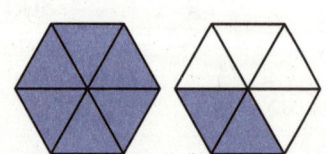   e) 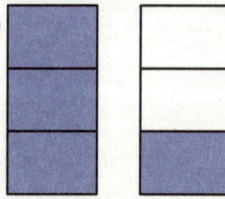   f)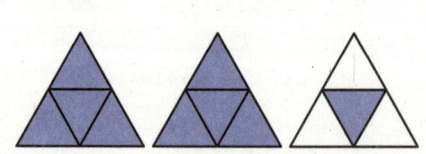

$\underline{\hspace{2cm}}$ $\underline{\hspace{2cm}}$ $\underline{\hspace{2cm}}$

1. Vervollständige die Zeichnung und die Rechnung.

a)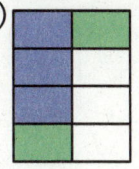

$\frac{3}{8} + \frac{2}{8} =$ _____

b)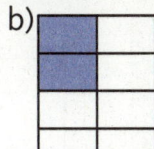

$\frac{2}{8} + \frac{2}{8} =$ _____

c)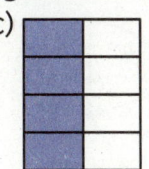

$\frac{4}{8} + \frac{3}{8} =$ _____

d)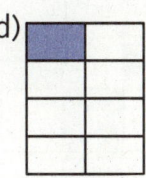

$\frac{1}{8} + \frac{5}{8} =$ _____

e)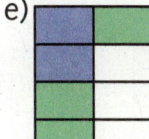

f)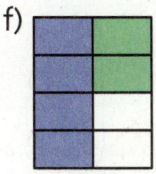

g)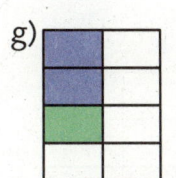

h)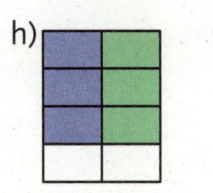

_____

2. a)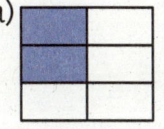

$\frac{2}{6} + \frac{2}{6} =$ _____

b)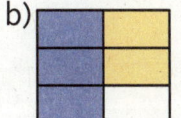

_____

c)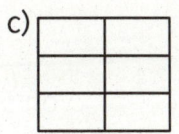

$\frac{1}{6} + \frac{4}{6} =$ _____

d)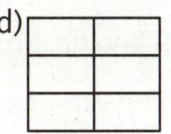

$\frac{3}{6} + \frac{3}{6} =$ _____

3. a) $\frac{2}{5} + \frac{2}{5} =$ _____

$\frac{1}{8} + \frac{4}{8} =$ _____

$\frac{4}{9} + \frac{1}{9} =$ _____

b) $\frac{2}{10} + \frac{5}{10} =$ _____

$\frac{3}{7} + \frac{2}{7} =$ _____

$\frac{3}{10} + \frac{6}{10} =$ _____

c) $\frac{2}{5} + \frac{1}{5} =$ _____

$\frac{6}{10} + \frac{3}{10} =$ _____

$\frac{2}{8} + \frac{6}{8} =$ _____

4. Notiere die Minusaufgaben wie im Beispiel.

Beispiel:

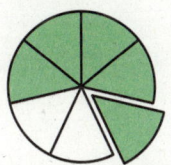

$\frac{5}{7} - \frac{1}{7} = \frac{4}{7}$

a)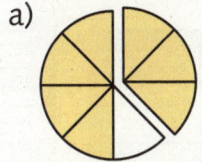

_____

b)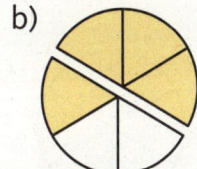

_____

c)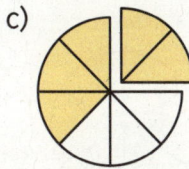

_____

d)

_____

e)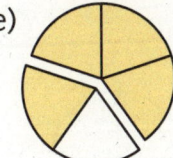

_____

f)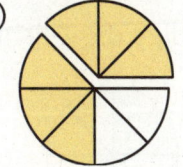

_____

g)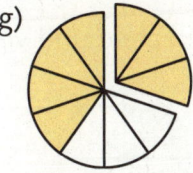

_____

5. a) $\frac{5}{8} - \frac{3}{8} =$ _____

$\frac{7}{9} - \frac{3}{9} =$ _____

$\frac{4}{6} - \frac{3}{6} =$ _____

b) $\frac{6}{10} - \frac{5}{10} =$ _____

$\frac{8}{9} - \frac{3}{9} =$ _____

$\frac{6}{8} - \frac{3}{8} =$ _____

c) $\frac{4}{5} - \frac{1}{5} =$ _____

$\frac{6}{7} - \frac{3}{7} =$ _____

$\frac{8}{8} - \frac{3}{8} =$ _____

1. Welcher Bruchteil ist gefärbt?

a) 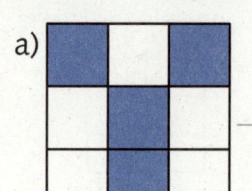 ____

b) 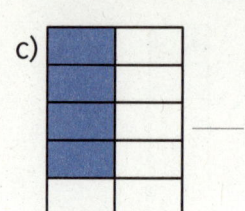 ____

c)  ____

d) ____

2. Färbe den angegebenen Bruchteil.

a)  $\frac{3}{7}$

b) $\frac{5}{8}$

c) 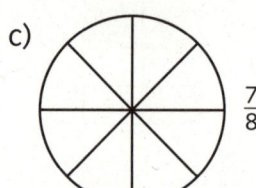 $\frac{7}{8}$

d) 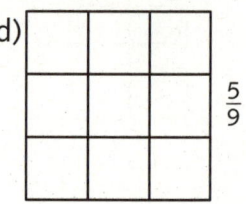 $\frac{5}{9}$

3. Berechne die Bruchteile.

a) $\frac{3}{4}$ von 20 = _____

$\frac{5}{6}$ von 36 = _____

$\frac{2}{3}$ von 27 = _____

b) $\frac{4}{5}$ von 500 = _____

$\frac{2}{3}$ von 210 = _____

$\frac{2}{6}$ von 300 = _____

c) $\frac{3}{8}$ von 4000 = _____

$\frac{5}{6}$ von 6000 = _____

$\frac{3}{7}$ von 5600 = _____

4. Wie viel g sind?

a) $\frac{1}{2}$ kg = _____

$\frac{1}{4}$ kg = _____

$\frac{3}{4}$ kg = _____

b) $\frac{3}{10}$ kg = _____

$\frac{2}{10}$ kg = _____

$\frac{3}{5}$ kg = _____

5. Schreibe zu jedem Bild die gemischte Zahl und den Bruch.

a)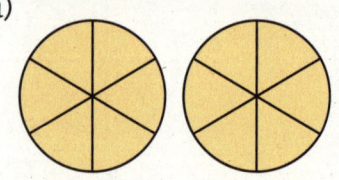

_____

b)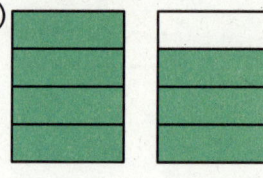

_____

6. Berechne und vervollständige die Zeichnung.

a)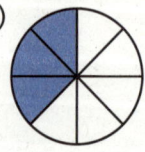

$\frac{3}{8} + \frac{2}{8} =$ _____

b)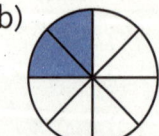

$\frac{2}{8} + \frac{5}{8} =$ _____

c)

$\frac{3}{8} + \frac{4}{8} =$ _____

d)

$\frac{6}{8} + \frac{1}{8} =$ _____

7. a) $\frac{1}{8} + \frac{6}{8} =$ _____

$\frac{3}{7} + \frac{2}{7} =$ _____

$\frac{4}{6} + \frac{1}{6} =$ _____

b) $\frac{2}{5} + \frac{1}{5} =$ _____

$\frac{3}{9} + \frac{2}{9} =$ _____

$\frac{2}{7} + \frac{2}{7} =$ _____

c) $\frac{7}{10} - \frac{3}{10} =$ _____

$\frac{6}{9} - \frac{5}{9} =$ _____

$\frac{4}{5} - \frac{2}{5} =$ _____

d) $\frac{10}{12} - \frac{6}{12} =$ _____

$\frac{5}{8} - \frac{3}{8} =$ _____

$\frac{7}{9} - \frac{2}{9} =$ _____

1. Kleiner, größer oder gleich? Setze ein: <, > oder =.

a) 372 ☐ 394   b) 2 789 ☐ 5 496   c) 913 ☐ 9 002   d) 5 041 ☐ 5 041

654 ☐ 645   999 ☐ 1 002   6 098 ☐ 6 123   2 440 ☐ 2 044

298 ☐ 289   5 852 ☐ 5 258   2 501 ☐ 1 925   3 689 ☐ 6 389

2. a) Bilde aus den Ziffern sechs verschiedene Zahlen.

 5   3   2   9

_____ _____ _____ _____ _____ _____

b) Wie heißt die größte Zahl, die du mit den Karten bilden kannst? _____

c) Wie heißt die kleinste Zahl, die du mit den Karten bilden kannst? _____

3. Runde auf Hunderter.

a) 764 ≈ _____   b) 516 ≈ _____   c) 4 321 ≈ _____   d) 5 049 ≈ _____

532 ≈ _____   975 ≈ _____   8 078 ≈ _____   9 989 ≈ _____

4. Runde auf Tausender.

a) 3 259 ≈ _____   b) 2 046 ≈ _____   c) 3 584 ≈ _____   d) 769 ≈ _____

4 852 ≈ _____   6 807 ≈ _____   7 358 ≈ _____   43 817 ≈ _____

5. Wie heißt die Zahl in der Mitte? Trage ein.

a) 60 ——— 80   b) 70 ——— 90   c) 340 ——— 360   d) 150 ——— 200

_____   _____   _____   _____

e) 480 ——— 490   f) 500 ——— 600   g) 750 ——— 800   h) 300 ——— 350

_____   _____   _____   _____

6. Addiere und subtrahiere.

a) 4 7 9
  + 3 4 2
  _____

b) 7 0 3
  + 1 4 7
  _____

c) 6 9 5
  −   4 7
  _____

d) 5 8 0
  − 3 3 9
  _____

e) 7 2 6
  − 1 0 9
  _____

7. Ergänze die fehlenden Ziffern.

a) 3 _ 5
  + _ 6 2
  _____
    6 1 _

b) _ 5 2
  + 3 0 _
  _____
    8 _ 9

c) 7 0 _
  + 1 _ 2
  _____
    _ 7 0

d) _ 4 3
  − 8 _ 1
  _____
    1 4 _

e) 5 _ _
  − 2 3 0
  _____
    _ 6 9

8. Bilde mindestens drei Plus- und drei Minusaufgaben.
Die Summe oder die Differenz soll jeweils kleiner als 2 000 sein.

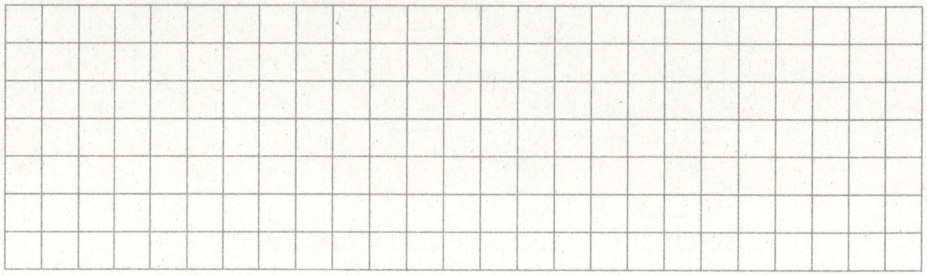

9. a) Ergänze die fehlende Fläche so, dass ein Würfelnetz entsteht.

b) Färbe gegenüberliegende Flächen in der gleichen Farbe.

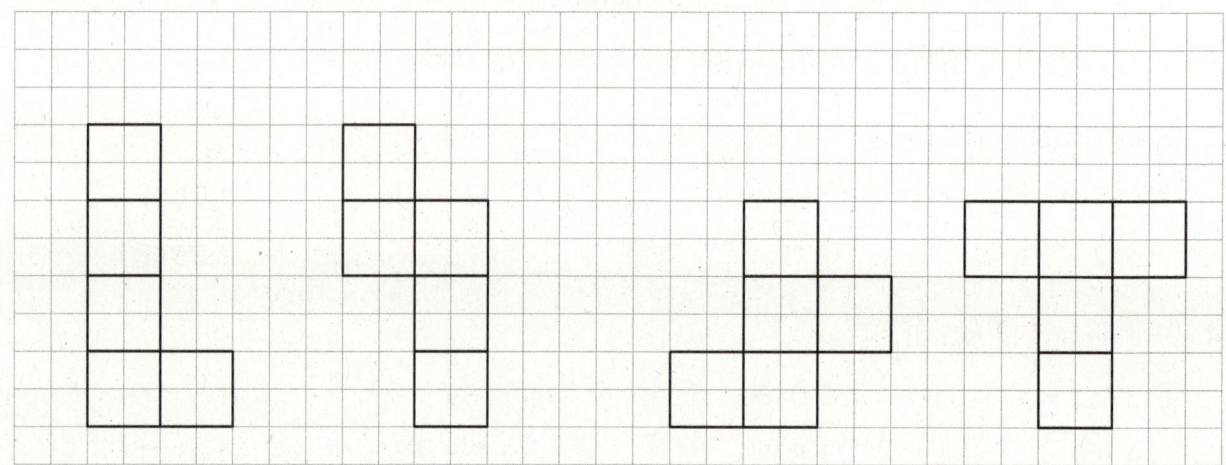

10. Färbe alle Kanten, die parallel zur grünen Kante sind.

a) 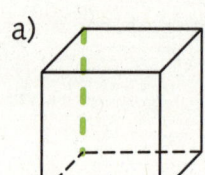   b) 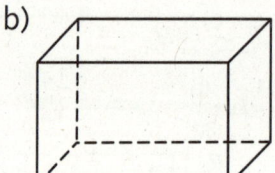   c) 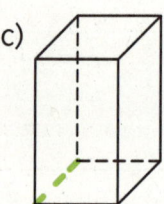   d)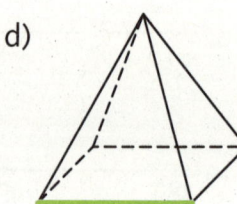

11. Kippe den Würfel wie angegeben. Welche Zahl liegt oben?

a) nach hinten   b) nach links   c) nach rechts

Zahl oben: _____   Zahl oben: _____   Zahl oben: _____

d) nach rechts, nach vorn   e) nach hinten, nach links   f) nach vorn, nach rechts

Zahl oben: _____   Zahl oben: _____   Zahl oben: _____

12. a) 600 · 3 = _____ b) 4 · 500 = _____ c) 70 · 50 = _____ d) 80 · 20 = _____

e) 120 : 4 = _____ f) 280 : 4 = _____ g) 630 : 7 = _____ h) 450 : 9 = _____

i) 164 : 4 = _____ j) 255 : 5 = _____ k) 126 : 6 = _____ l) 147 : 7 = _____

13. Multipliziere schriftlich.

a) 6 8 · 4   b) 7 6 3 · 6   c) 5 0 9 · 8   d) 6 2 7 · 7   e) 8 3 1 · 5

14. a) 4 2 6 · 4 0   b) 8 0 4 · 3 0   c) 5 2 7 · 4 2   d) 6 1 7 · 1 8

15. Dividiere schriftlich. Mache die Probe.

a) 2 0 7 : 3 =   b) 4 8 4 5 : 5 =   c) 5 5 3 2 : 6 =

d) 4 2 3 : 9 =   e) 4 1 3 6 : 4 =   f) 3 0 2 0 : 5 =

16. Zeichne die Senkrechten zur Geraden g durch die Punkte A, B, C, D und E.
Miss den Abstand des Punktes von der Geraden.

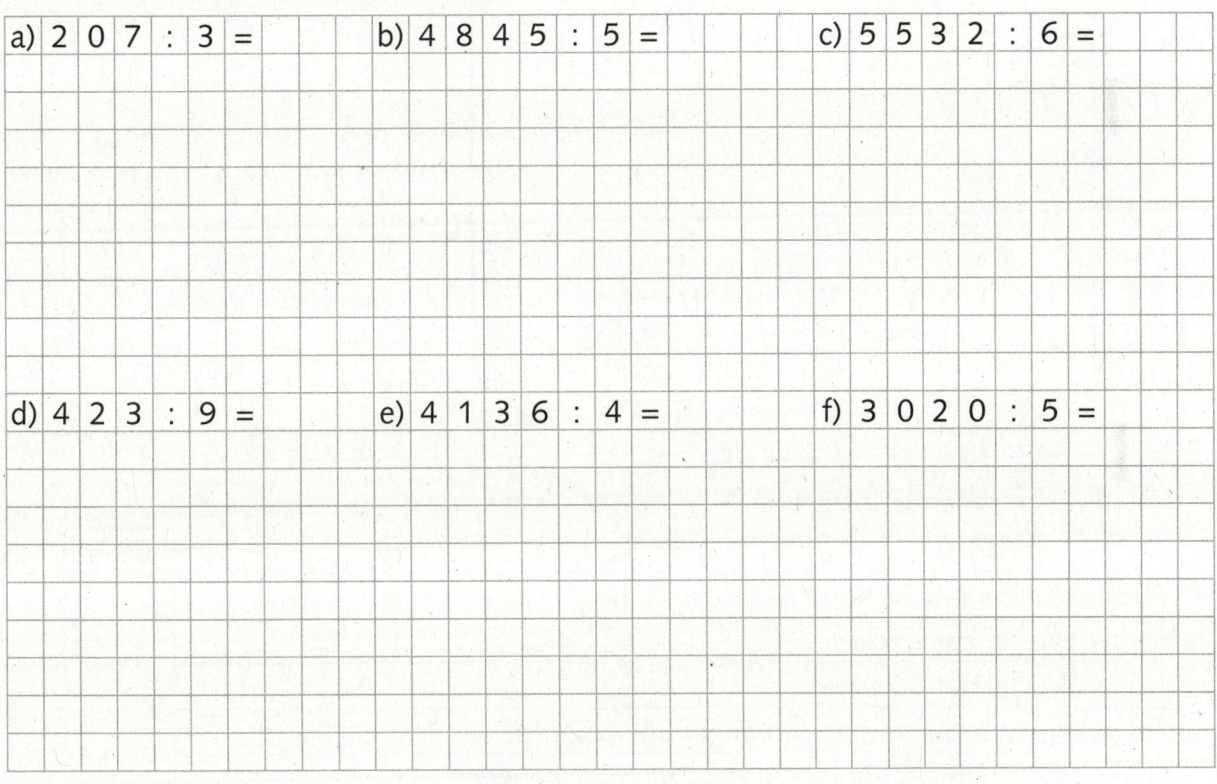

A: _____

B: _____

C: _____

D: _____

E: _____

17. Zeichne eine gemeinsame Senkrechte ein und miss den Abstand zwischen den Parallelen.

a)

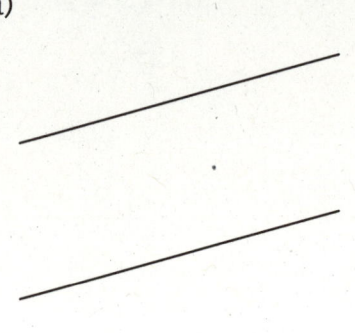

b)

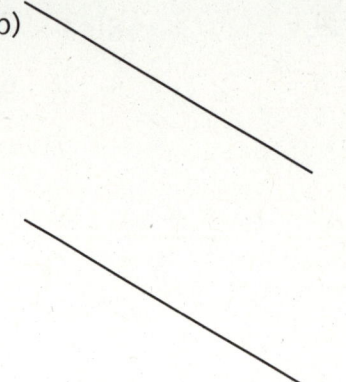

c)

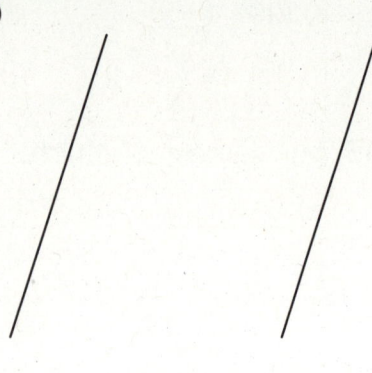

18. Trage die Punkte A, B und C in das Quadratgitter ein. Ergänze den Punkt D so, dass die angegebene Figur entsteht. Notiere die Koordinaten von Punkt D.

a) Rechteck

A (1|4), B (5|0), C (11|6), D (____|____)

b) Parallelogramm

A (4|3), B (12|3), C (9|7), D (____|____)

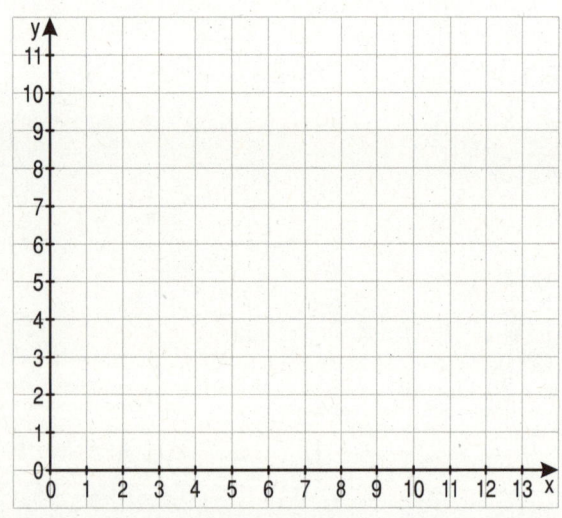

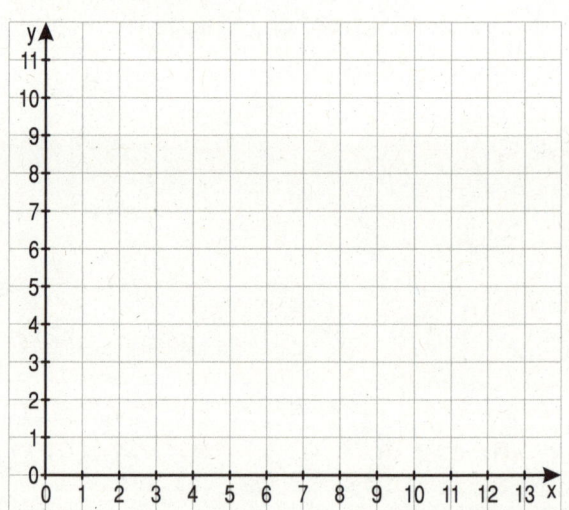

19. Ist die Aussage wahr oder falsch? Kreuze an.

	wahr	falsch
Jeder Quader hat 12 Kanten.		
Jeder Würfel hat 8 Ecken.		
Jeder Würfel hat 6 Kanten.		
In jedem Parallelogramm sind gegenüberliegende Seiten gleich lang.		
Parallele Geraden schneiden sich im rechten Winkel.		
Die Seiten in einer Ecke des Rechtecks stehen senkrecht zueinander.		
Zueinander senkrechte Geraden sind parallel.		

20. Wie viel Euro beträgt der Preisnachlass?

a)

~~13 €~~

9,50 €

b)

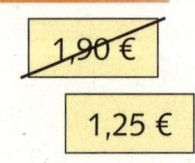

~~1,90 €~~

1,25 €

c)

~~3,95 €~~

4 Marker

3,60 €

d)

~~1,50 €~~

90 Cent

Preisnachlass ____ €   Preisnachlass ____ €   Preisnachlass ____ €   Preisnachlass ____ €

21. Fülle die Tabelle aus.

a)

1 m 25 cm		
1,25 m		11,75 m
	160 cm	

b)

2 km 750 m		
	5,975 km	
2 750 m		3 200 m

22. Ordne nach der Größe. Beginne mit der größten Länge.

a) 4,8 cm   6 m   3,25 m   8 cm

b) 128 m   3,5 km   8,99 m   1 km

_____ > _____ > _____ > _____   _____ > _____ > _____ > _____

23. Immer drei Massen sind gleich. Kennzeichne sie mit der gleichen Farbe.

2 500 g	2,05 kg	2,505 t	2 kg 50 g	2 kg 500 g	2 050 g

2 t 505 kg	2 kg 5 g	2,5 kg	2 005 g	2,005 kg	2 505 kg

24. Ergänze.

a) 650 g + _____ g = 1 kg   b) 1,9 kg + _____ g = 2 kg   c) _____ g + 1,5 kg = 2 kg

d) 50 kg + _____ kg = 1 t   e) 2,75 t + _____ kg = 3 t   f) _____ kg + 4,5 t = 5 t

25. Wie viele Minuten sind es?

a) 2 h = _____ min   b) 1 h 10 min = _____ min   c) $1\frac{1}{2}$ h = _____ min

d) 600 s = _____ min   e) 120 s = _____ min   f) 300 s = _____ min

26. Fülle die Tabelle aus.

Anfang	9:00 Uhr	9:45 Uhr	12:30 Uhr	15:55 Uhr	19:47 Uhr	
Dauer	55 min	30 min	1 h 20 min			1 h 15 min
Ende				17:00 Uhr	21:57 Uhr	19:15 Uhr

27. Wie viel Zeit ist insgesamt vergangen?

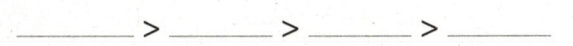

11:45 →20 min→ 12:05 —min→ 12:30 —min→ 13:10

A: _____

_____

28. Immer zwei Längen sind gleich. Färbe mit der gleichen Farbe.

a)

50 cm	$\frac{1}{2}$ m	$\frac{3}{4}$ m
$\frac{6}{10}$ m	75 cm	60 cm

b)

25 cm	$\frac{3}{10}$ m	60 cm
$\frac{3}{5}$ m	$\frac{1}{4}$ m	30 cm

29. Miss Länge und Breite des Rechtecks. Berechne den Umfang und den Flächeninhalt.

a)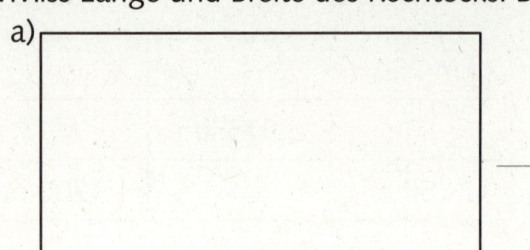

_____ cm

_____ cm

b)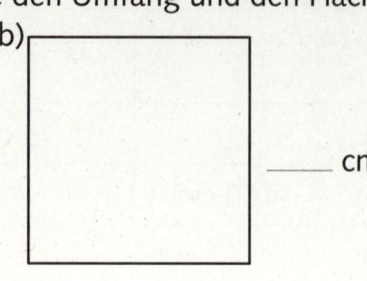

_____ cm

_____ cm

u = _____

u = _____ cm

A = _____ cm · _____ cm

A = _____ cm²

u = _____

u = _____ cm

A = _____ cm · _____ cm

A = _____ cm²

30. Setze die passende Einheit ein: mm², cm² oder m².

a) Tür: 2 _____

Briefmarke: 5 _____

b) Heftzwecke: 50 _____

Terrasse: 12 _____

c) Heftseite: 600 _____

Geodreieck: 60 _____

31. Wandle um.

a) 8 cm² = _____ mm²

10 cm² = _____ mm²

b) 700 mm² = _____ cm²

1 000 mm² = _____ cm²

c) 100 mm² = _____ cm²

900 mm² = _____ cm²

32. Welcher Bruchteil ist gefärbt?

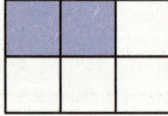   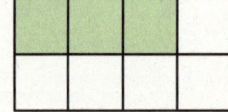   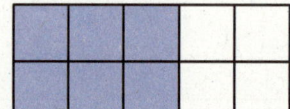   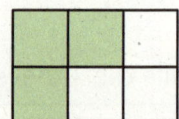

_____   _____   _____   _____

33. Berechne den Bruchteil.

a) $\frac{1}{4}$ von 16 € = _____

$\frac{1}{2}$ von 28 € = _____

$\frac{1}{3}$ von 12 € = _____

$\frac{1}{5}$ von 55 € = _____

b) $\frac{1}{5}$ von 25 m = _____

$\frac{1}{8}$ von 40 m = _____

$\frac{1}{6}$ von 36 m = _____

$\frac{1}{4}$ von 48 m = _____

c) $\frac{1}{3}$ von 60 g = _____

$\frac{1}{10}$ von 200 g = _____

$\frac{1}{7}$ von 210 g = _____

$\frac{1}{4}$ von 240 g = _____

34. Die Klasse 5 hat 21 Schüler. Davon war $\frac{1}{3}$ am Sonntag im Freibad.
Wie viele Schüler sind das?

$\frac{1}{3}$ von _____ Schülern = _____ Schüler

A: _____